治水神禹《う》王《おう》をたずねる旅

大脇良夫
植村善博

人文書院

日本

1：文命東堤碑　神奈川県南足柄市福澤神社

2：大禹皇帝碑　群馬県利根郡片品村

3：大禹皇帝碑の碑文　鳥虫篆書体 77 文字

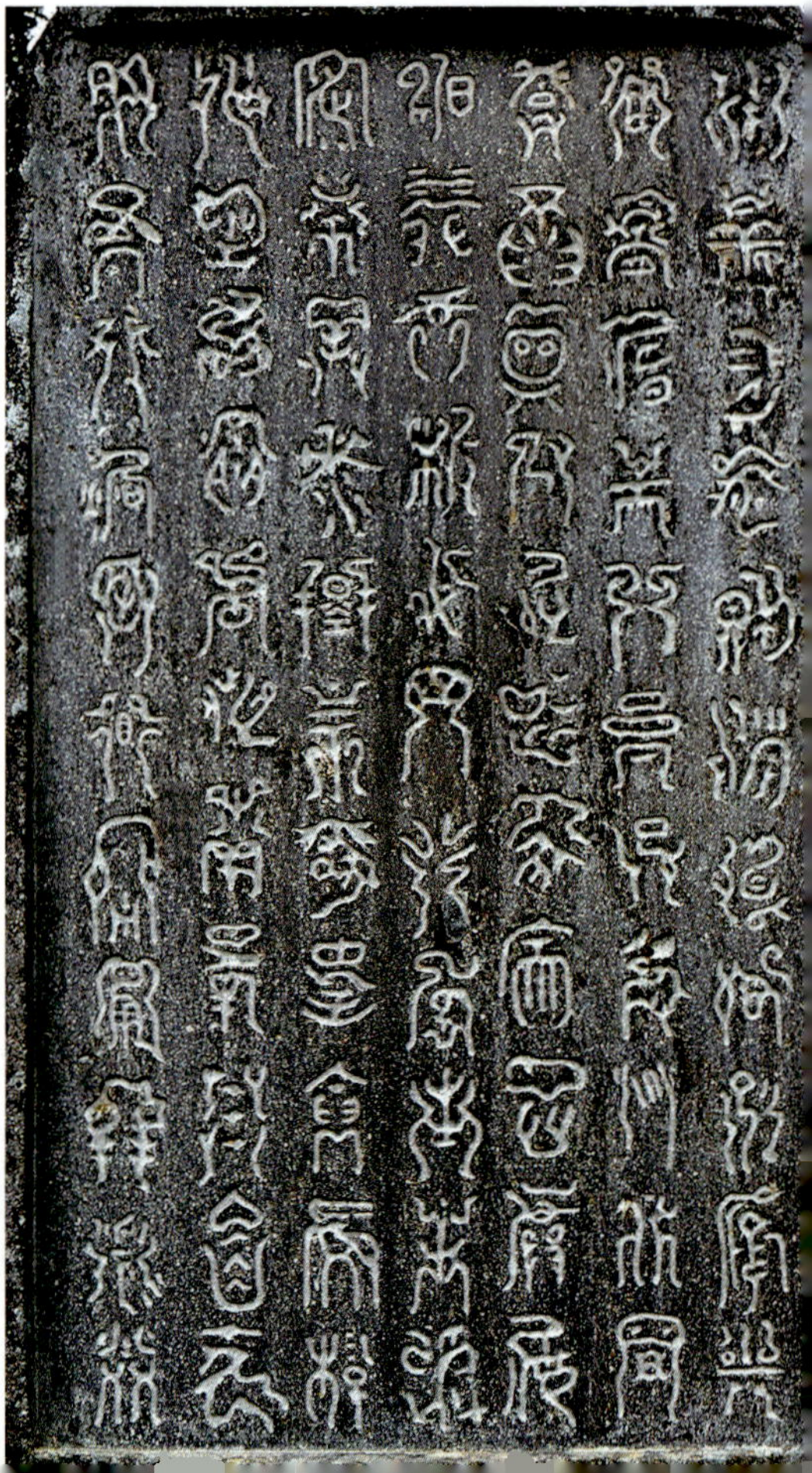

4：禹王木像（徳川義建作）
岐阜県海津市
海津市歴史民俗資料館蔵

正誤表

口絵 4　徳川義建作　→松平義建作

6 頁末より 3 行目　寛文二（一九六二）年　→（一六六二）

42 頁 3 行目　三年間の経緯　→経緯

43 頁 5 行目　天明八（一七八八）年春　→天明七（一七八七）年

47 頁末　渡邉桂奈絵　→渡邉佳奈絵

82 頁末より 2 行目　八四八文字　→四八文字

125 頁下より 8 行目　楠正成　→楠木正成

154 頁地図　以下に差替え

171 頁 3 行目　（1975）年　→（1752）年

執筆者一覧　佐久間俊治（さくま　しゅんじ）

→（さくま　としはる）

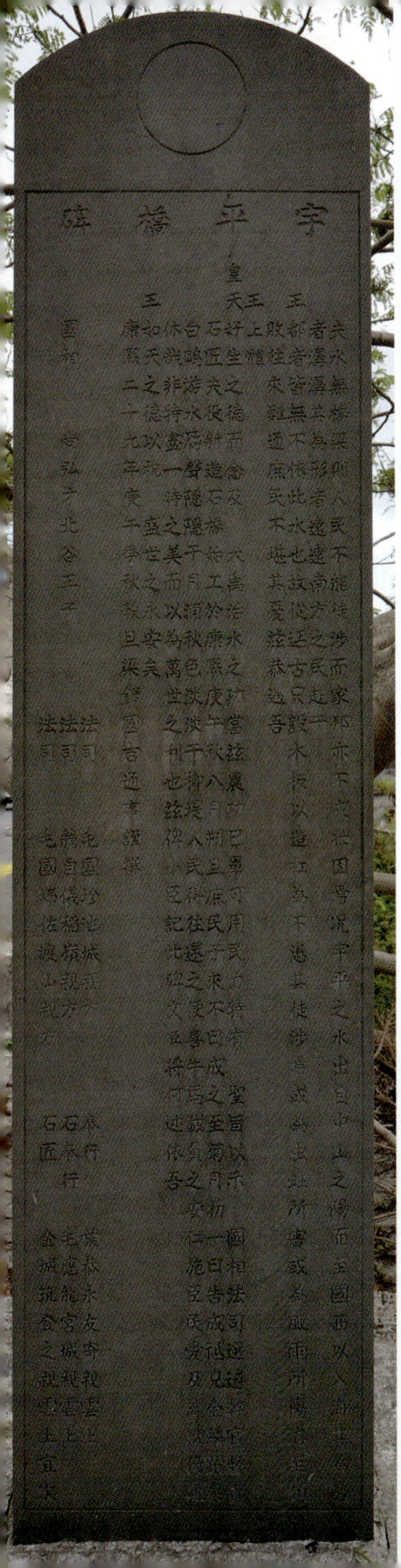

左６：宇平橋碑（レプリカ）
沖縄県島尻郡南風原町山川橋

5：大禹謨碑
香川県高松市栗林公園商工奨励館

7：昭和の大禹謨碑
広島県広島市安佐南区太田川河川公園

中国

上 8：禹王殿の禹王像　河南省開封市禹王台

下 9：禹王殿　河南省開封市禹王台

右 10：三門峡ダムの立禹像
河南省三門峡市

11：大禹陵　浙江省紹興市

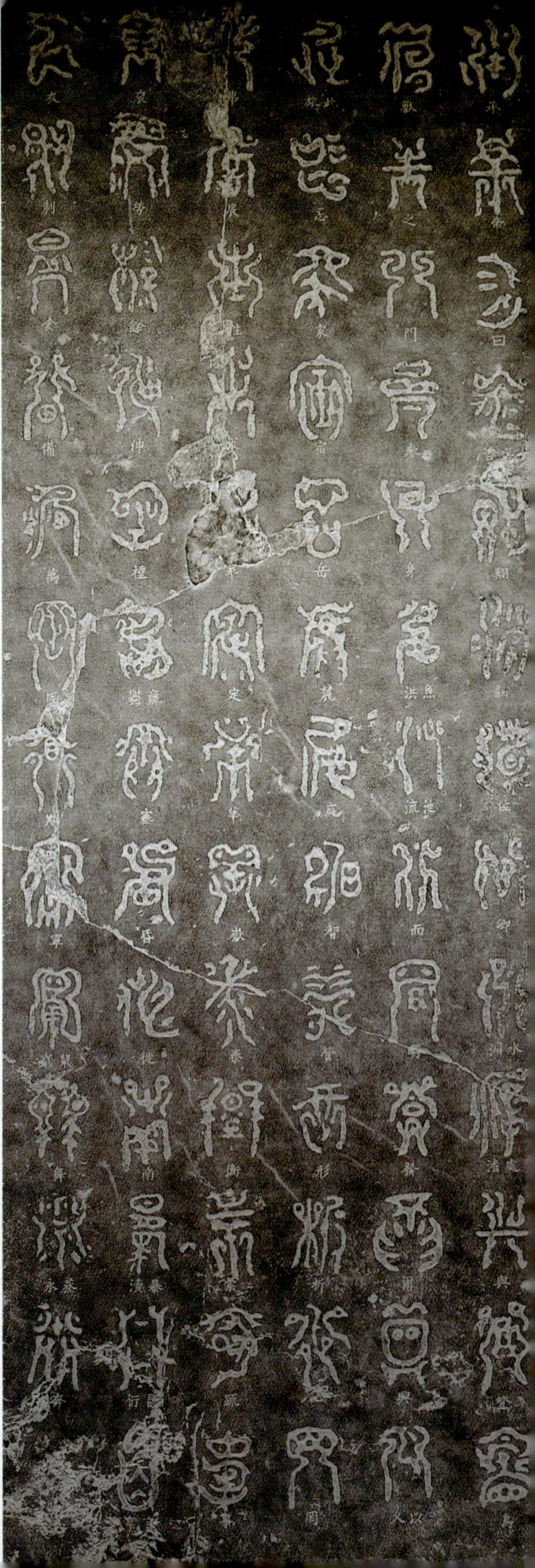

右 12：岣嶁碑文
鳥虫篆書体 77 文字
浙江省紹興市大禹陵

13：享廟の大禹像
浙江省紹興市大禹陵

14：禹王城遺跡の禹王廟　山西省禹王村

15：禹王城遺跡の禹王廟　山西省禹王村

16：禹王城遺跡の禹王と塗山女　山西省禹王村

17：黄河遊覧区の大禹像　河南省鄭州市

19：六香山　江原道三陟市汀上洞

20：六香山頂の禹篆閣　三陟市汀上洞

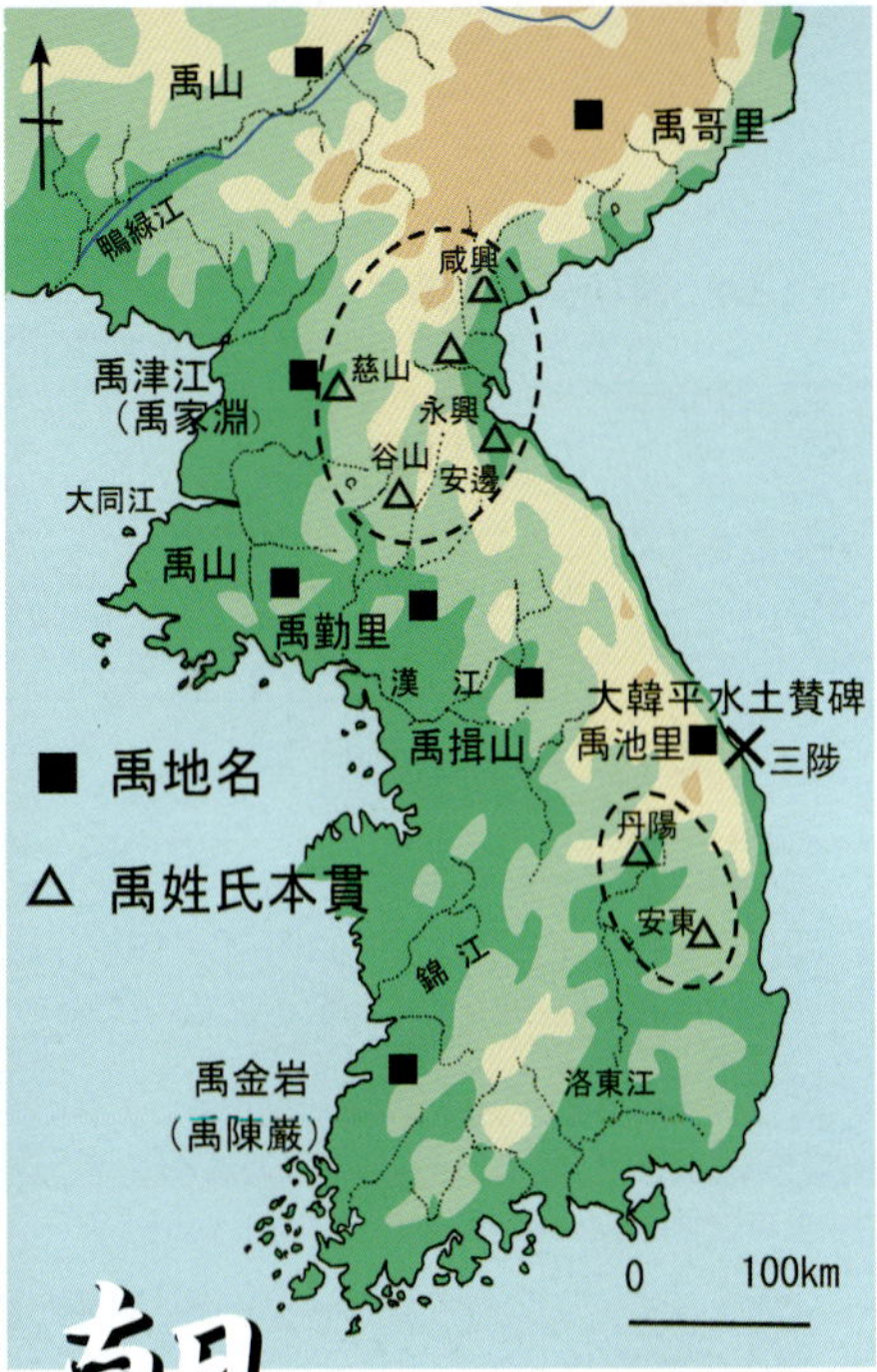

朝鮮

18：朝鮮半島の禹地名と禹氏本貫の分布（植村原図）

21：大韓平水土賛碑（表）三陟市六香山
22：大韓平水土賛碑（裏）三陟市六香山

台湾

23：台湾の水仙宮と禹地名の分布（植村原図）

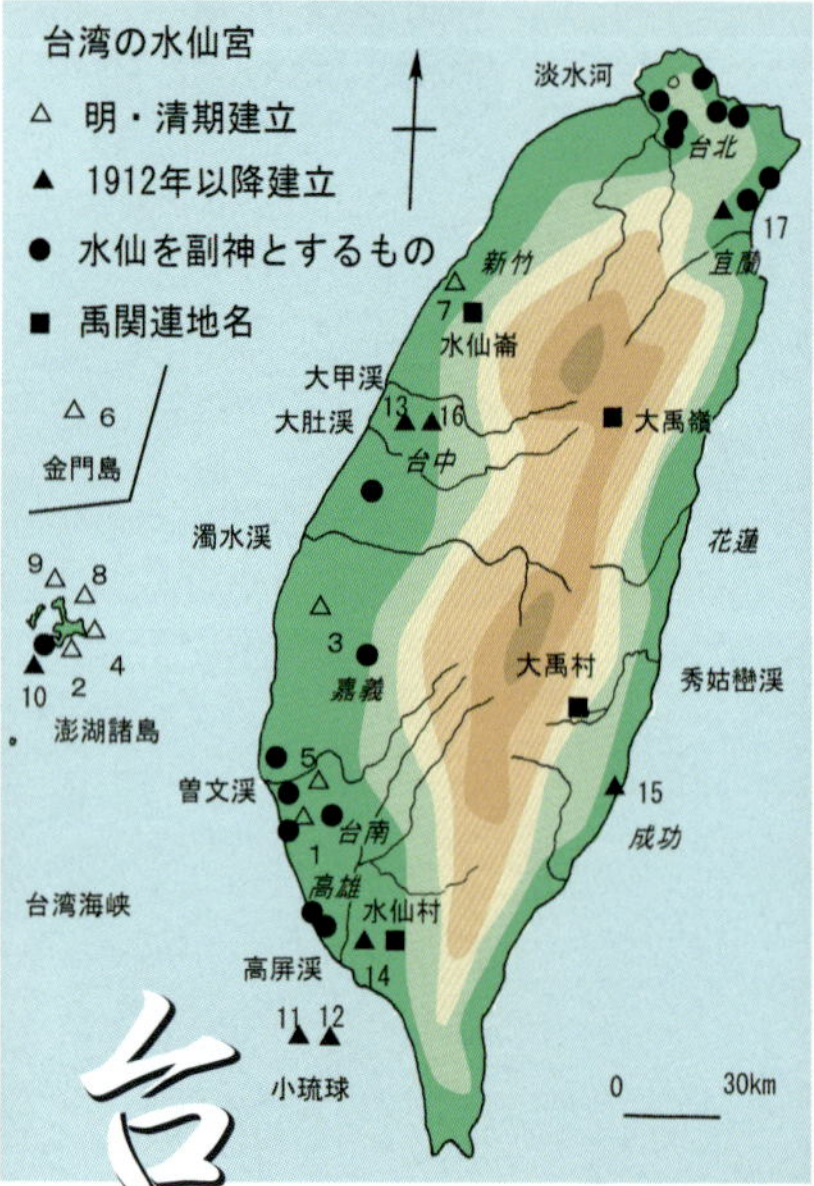

24：水仙宮の大禹　台南市中西区海安路二段水仙宮市場

25：大天后宮の水仙尊王
左から奡王、屈原、禹帝、伍子胥、楚王（項羽）　台南市中西区永福路二段

26：塩行禹帝宮　台南市永康区塩行

はじめに

二〇一〇（平成二二）年一一月禹王研究の成果を発表するため全国禹王（文命）文化祭りを神奈川県開成町で開催した。尾瀬沼のある群馬県片品村をはじめ全国の禹王研究者が初めて一堂に会した。中国からも中国社会科学院の湯重南教授に来ていただき、法政大学の王敏教授に全面的に協力いただいた。禹王研究が日本全国、そして中国へと広がる契機となる催しになったと思う。

それにしても禹王のことを日本人がなぜこれほどに知らないのだろうという疑念が湧いた。背景があるはずだと考えた。私は、日中戦争が影を落としていると見ている。一八九四（明治二七）年に始まった日清戦争で勝利を得た日本。江戸時代まで先進地として仰ぎ見ていた中国は一転して近代化に乗り遅れた国として蔑みの心理が強まった。そして日本の大陸への侵略から日中戦争へ。中国との関わりを強調することは避けられ、郷土史の表舞台で語られることがなくなったのではないか。だから、後の世代に伝承されてこなかった。

本書には日本で初めて全国の禹王遺跡の詳細なデータが網羅された。そして、禹王探求は中国本土、そして台湾、朝鮮半島へとひろがっている。まさに東アジア全体を覆い尽くす勢いである。禹王という共通項をキーワードにすれば東アジアをひとくくりにできる。いやベトナムなど東南アジアへも広がるかもしれない。とてつもないスケールの研究が現在進行形であることにわくわくしてしまう。このほど、これまでの研究成果を一冊の書籍にすることになった。『治水神　禹王をたずねる旅』は禹王を取り巻くパノラマのような書となった。特筆すべきは、執筆者が大脇良夫さんをはじめ市井の郷土史研究者が大半であること。しかしその研究水準は極めて高い。禹王研究の最前線に位置していると確信している。この書を手掛かりにして日本全国、中国、台湾、韓国どんどん禹王研究者が出てきて欲しいと願わざるを得ない。まだまだ埋もれている禹王遺跡は多いはずだ。日本と中国だけでなく東アジア全体を分母とする壮大な共同研究へと発展を遂げて行って欲しい。

禹王研究。郷土史研究から一歩を踏み出し、今大きく花開こうとしているこの研究が、日中双方の相互理解を深める一助となることは間違いない。『治水神　禹王をたずねる旅』が日中間に依然として横たわる深い溝を埋める貴重な架け橋となると確信している。細い糸のような橋に見えるかもしれないが徐々にその橋は太く強固な橋となる。その橋を両国の心ある人たちが渡り合い、いつの日か日中両国民が真に和解しあえる虹の架け橋である。

前神奈川県開成町長、元内閣府地方分権改革推進委員、元総務省顧問　露木順一

目次

第1章 禹王（文命）との出会い
――不思議の数々を巡る終わりのない旅――

大脇良夫

図1　清代に描かれたという禹門口の禹廟スケッチ
（中国・河南省　張俊祥先生所蔵）

図2　禹門口の禹王廟
大阪毎日新聞社刊『大黄河』口絵より　1938年（昭和13年6月）

酒匂川《さかわがわ》と田中丘隅《きゅうぐ》を通じ禹王（文命）に出会う

二〇〇三年に企業を退職後、郷土史研究仲間に呼びかけ「足柄の歴史再発見クラブ」を立ち上げました。地域の歴史や文化の中には忘れられ、あるいは正しく評価されていないものが少なくない。磨けば光る石を見つけて輝かせたい、との思いから「再発見」を看板にすることにしたのです。

まず、地元足柄の郷土史を小学生、中学生にわかりやすく伝えたいとの思いから郷土史『富士山と酒匂川』の作成を手がけました。神奈川県西部には、富士山を主な水源とする酒匂川という二級河川があり、恵みも大きいが暴れ川でもあり、手の施しようのない氾濫をくり返していました。酒匂川の治水神である文命《ぶんめい》が中国古代王朝夏《か》の初代帝王である禹の別名であることは、一部の歴史家は認知していましたが、一般市民や子どもたちには理解されていませんでした。足柄上郡開成町には文命中学校があり、足柄平野にはりめぐらされた幹線用水路は「文命用水」と名づけられています。さらに、南足柄市大口《おおくち》の福澤神社に文命東堤碑と文命宮（B-12）、足柄上郡山北町岸の岩流瀬《がらぜ》土手脇に文命西堤碑と文命宮（B-13）があり、人々にとって「文命」の名は身近な存在でしたが、これが禹王につながることを認知している人は少ないのです。

文命堤や文命宮を創設した田中丘隅は寛文二（一九六二）年、武蔵国多摩郡平沢村（現在の東京都あきる野市平沢）の名主窪島（久保島とも）家の八郎左衛門の次男として生まれ、兵庫、休愚、休愚右衛門、喜古《よしひさ》などと称します。絹織物の行商に出かけた東海道川崎宿で、誠実な人柄を見こまれて二二歳のころ本陣名主田中家に夫婦養子として迎えられます。農民の生活実態、年貢徴収の実情、飢饉対策、治水策などを論じた『民間省要《みんかんせいよう》』を著し将軍吉宗に献上したことから、享保八（一七二三）年大岡越前守忠相《ただすけ》に登用され川方御普請御用を拝命しました。荒川、多摩川の治水、二ケ領《にかりょう》用水の改修や酒匂川の補修工事などを行い、その功績が認められ享保一四（一七二九）年武蔵国内三万石を管轄する支配勘定格（代官）に任ぜられました。

丘隅の没後、百年余りを経た頃の地元文書に「西の文命と申すは、京都加茂川の堤にあり、東の文命と申すは、相州酒匂川の堤にあり」という記述を発見しました。文政一二（一八二九）年の酒匂川の公儀御普請の際に、御勘定役の関七郎兵衛が村役人に対して「畏《おそ》れ多くも、酒匂川文命宮の石碑について言い聞かす」という口上《こうじょう》の中にでてきます（南足柄市史別編8史料89）。これが禹王捜しの旅の出発になったのです。

西の文命（禹王）を探し求め京都加茂川へ

二〇〇六（平成一八）年の一一月中旬、西の文命を探しに、京都の歴史博物館や土木事務所に赴きました。鴨川の禹王廟（D-01）は江戸時代直前ごろまでは鴨川の四条橋または五条橋辺に複数存在したものの、現在はすべて失われていることを知らされました。しかし、その時の共同調査で高松・香東川、大阪・淀川、群馬・利根川上流、大分・臼杵川に新たな禹王碑を発見したのです。これらの経過については、拙著『酒匂川の治水神を考える』（私家版、二〇〇七年）にまとめ関係者に報告するとともに、地元の講演会などで理解者を増やしました。そして日本全国にある禹王碑をたずね歩き、各地の研究者の方々と禹王への熱い想いを語り合う中で、第一回禹王・文命サミット開催（二〇一〇年一一月）への手応えを得ていきました。

こうして、二〇一三年四月までに発見した禹王遺跡は五七件で、その詳細は「全国禹王遺跡データ（二〇一三年版）」として巻末に収録しました。本邦初の画期的な資料です。その中から、代表的な一五件について全国の研究仲間の方々に特記してもらいました（第三章参照）。そして、これらを総括する形で日本の禹王遺跡の特徴について第四章でふれています。

禹による日中、東アジアの文化交流

禹による国際交流

禹王に関心を持ったもう一つの理由は、日本と中国の不幸な歴史の回復に寄与できるかもしれないという期待からです。一八九四（明治二七）年の日清戦争から一九七二（昭和四七）年に国交正常化を果たすまでの七八年間の不幸な間にも治水神・禹王碑は日本のあちこちに建てられつづけていたからです。民間による草の根の文化交流は途絶えることがなかったのです。実際、この間に大阪・淀川、群馬・利根川上流の泙川《ひらかわ》、広島・太田川など一七ヶ所に禹王碑がつくられています。

私はこの事実に驚き、また禹王のもつ力に心地よい不思議を感じました。中国は日本文明の父として多大な影響を与えましたが、七八年間の不幸な諍《いさか》いのため過去の貢献が正しく評価がされていませんか。禹王はそうした日中の関係を好転させる契機になってくれるのではないでしょうか。

二〇〇七年春当時の開成町長露木順一さんと法政大学の王敏教授を訪問し、文命社の存在を報告したところ、八月には王敏教授と新華社通信が見学に来られ、以降、日中友好協会や中国人、中国人留学生などの見学が盛んになりました。二〇〇〇（平成一二）年一一月九日新華社通信は「中国の歴史が一二〇〇年遡る」と報道しました。中国政府は中国第一線の研究者による夏商周年表プロジェクトを進めていましたが、「夏代は紀元前二七〇〇年、商は紀元前一六〇〇年、周は一〇四六年に始まる」と発表したのです。とくに、年代が不明だった古代の三代について、天文学的な手法、考古学的手法、文献学的手法などの視点から具体的な年代を確定させたのです。

中国浙江省紹興市大禹陵の「禹跡館」には、中国全土の禹にまつわる遺跡を示した地図があり、日本は空白になっていました。私は「日本にもこんなに禹の遺跡がありますよ！」と知らせたい気持ちになりましたが、最初の訪問時にはぐっと我慢を決めこみました。二〇一二年春、再訪の際にそのことを伝えたところ、大変驚かれました。私は話を続けました。「日本の空白域に禹王碑建立地を表示してもらえないでしょうか。六十余りもあるんですよ」と。応対してくれた学芸員も「そんな日が近いうちに迎えられたら、とても嬉しいことです」と答えてくださり会場内にどっと拍手がとどろきました。中国の方々と両国の禹王碑について語り合い交流したいと強く思いました。

中国の禹王遺跡と日中戦争による破壊

中国の禹王遺跡は三百件以上の存在が推定され、これらはつぎの三群に分けられます。**Ⅰ群：禹王の像：**巨大な禹王像が黄河流域や紹興・大禹陵など各地に建立されています。**Ⅱ群：主に鳥虫篆書体《ちょうちゅうてんしょたい》で書かれた禹の石碑：**碑銘は「岣嶁《こうろう》碑」「禹王碑」「禹碑」に集約されます。**Ⅲ群：地名に禹の名を冠しているもの：**山西省夏県の「禹王村」や河津市の「禹門口」などが代表例です。

ところで、中国の禹王遺跡は日中戦争、中国の内戦、文化大革命と三度にわたって破壊されてきました。二〇一一年一〇月山西省の龍門（禹門口）を訪ねた時、案内者の張俊祥先生（元河津市水利局長）の顔が突然こわばり「ここは中国の大禹《たいう》崇拝のメッカでシンボルゾーン〝禹五廟〟があったのだが、日本軍に跡かたもなく破壊されなくなってしまった。私は清代に描かれたこのスケッチのコピーを大切にしている」と静かに厳粛な口調で語られた（扉図1）。居合わせた私たち日本人は咄嗟《とっさ》のことに緊張しましたが、本当に申し訳ない気持ちでその場で張先生に何度も謝りました。

二〇一二年四月の再会の折、私は大阪毎日新聞社刊『大黄河』（一九三八年）とその口絵写真（扉図2）を贈呈しました。「本当の気持ちをぶつけてしまったが、とても気にしていました。私の気持ちを気にしてくれていたのですね。とても嬉しい。この本と写真はあなた方の友情とともに大切にし、地元や後世に伝えて行きましょう」と結ばれました。禹王を通じての交流を果たしていくには、禹王そのものや中国の治水について知るとともに、中国の歴史や文化の理解が必要です。第二章・第四章・第五章を参照下さい。それでは、「治水神　禹王を訪ねる旅」をお楽しみ下さい。

第2章

中国禹王伝説と黄河の治水

蜂屋邦夫

世界の多くの地方には、大昔に大洪水があったという伝説があります。中国文明の草創期もやはり洪水伝説で彩られており、遠い昔の記憶が災害や治水の神話として今に伝わっています。その代表が禹の治水伝説ですが、それと密接に関連しながら、あまり知られていない伝説に共工《きょうこう》の洪水伝説があります。そこで、まず共工について見てみましょう。

共工の洪水伝説

『史記』を補足した唐・司馬貞の「三皇本紀」によれば、「大昔、女媧《じょか》の治世の末ごろ、諸侯のひとり共工が権力をほしいままにして覇《は》をとなえ、洪水を起こして船に乗り、祝融《しゅくゆう》と帝位を争った。しかし勝てなかったので、怒って頭を不周山にぶつけた。そのため天を支えていた柱が折れ、天と地を繋《つな》いでいた綱が切れて、天地は崩壊してしまったが、女媧がそれを補修した」とあります。

共工は、まさに荒ぶる神のイメージですが、『管子』揆度《きたく》篇には「共工が王のときは、水面が七割、地面が三割で、共工は自然の勢いに乗じて天下を制圧した」とあります。これは、共工が水上王国を築いていたことを示しています。また『国語』魯語・上には「共工氏が九域〔中国全土〕に覇を称《とな》えていたとき、その子を后土《こうど》といい、全国の土地を平らげたので、土地の神として祀られた」とあります。これらの記事は共工父子が洪水から大地の安寧を回復したという神話を背景にしたものと考えられます。共工親子は、もともとは洪水を起こす存在ではありませんでした。

共工と争った祝融は炎帝神農氏《えんていしんのう》の後裔です（『山海経《せんがいきょう》』海内経《かいだい》）。ところが「海内経」にはまた「祝融は降って江水に居り、共工を生んだ」ともあります。とすれば、共工は祝融の子で、炎帝系の神ということになります。これらの記述から、炎帝系部族の内部で祝融部族と共工部族が抗争した結果、共工部族が敗れた、という背景が浮かび上がってきます。

また、炎帝神農氏は黄帝軒轅《けんえん》氏と争って敗れたという神話もあります。祝融は黄帝の後裔という説（『山海経』大荒西経）や、共工が闘った相手を黄帝系の顓頊《せんぎょく》とする書物もあります。とすれば、黄帝系部族と炎帝系部族が争って炎帝系が負けた、ということかもしれません。共工氏は戦闘に敗れてから黄帝系勢力に取りこまれ、荒ぶる神に貶《おとし》められたのだと思われます。

『左氏伝』昭公十七年には「黄帝は雲の瑞祥、炎帝は火の瑞祥、共工は水の瑞祥によって天命を受けた〔帝王となった〕ので、百官の長の名称にそれぞれ雲や火、水を用いた」とあります。これは共工が黄帝や炎帝と並ぶ存在で、水をトーテムにしていたことを示しています。水上王国の王者であったことを踏《ふ》まえれば、共工は、もともとは水神であったと思われます。『竹書紀年』の堯《ぎょう》の一九年に「共工に命じて河《か》〔黄河〕を治めさせた」とありますが、これは共工が治水の神であったかすかな証拠です。また『国語』周語・下には「むかし共工は、山川藪沢《さんせんそうたく》の性質を無視し、堤を築いて百川の流れを変え、高地を削って低地を埋め、天下に害をなしたので、天は福を与えず、庶民は助けず、ついに禍乱をひきおこして滅亡した」とありますが、これは共工の治水事業と部族の衰退を一括して述べたものと思われます。

前漢の東方朔《とうぼうさく》に仮託された『神異経』西北荒経には「西北の荒野に人がいる。人面で朱髪、蛇身、人の手足を持ち、五穀を食らう。禽獣《きんじゅう》のように愚かで頑固、名づけて共工という」とありますが、これは共工が悪神化してからの形容です。しかし、もともとは水神ですから、春の日照りに雨を求める時には共工が祭られた（『春秋繁露』求雨）のです。

結局、共工は洪水を起こした悪神とされ、共工の臣下の相柳《しょうりゅう》もまた洪水の発動者とされました。相柳は禹に退治されるのですが、その血が生臭くて穀物も育たず、水が多くて居住できないので、禹はそこを埋め立て、昔の帝王のための台《うてな》を建てたということです（『山海経』大荒北経）。共工部族は黄帝部族の下で水を管理する水官となったので、その部族神の共工は殺されませんでしたが、その代わりに相柳が洪水の責任を一身に背負わされて、禹に誅滅《ちゅうめつ》されてしまったのです。

鯀の治水活動

治水に失敗した代表者といえば鯀《こん》です。黄帝の子孫である堯帝の時代、洪水は限りなく広がり、岡を水没させ山を包みこむという勢いになりました（『尚書』堯典）。国中至るところが氾濫し、草木は生い茂り、五穀は実らず、禽獣は繁殖して人々の住居に迫り、どこもかしこも禽獣の足跡ばかりになりました（『孟子』滕文公・上）。そこで、堯帝は鯀に命じて洪水を治めさせましたが、九年たっても成果があがりませんでした（『尚書』堯典）。これらは、鯀の無能ぶりを示した伝説ですが、しかし、鯀は初めて土砂を敷きつめて九州（中国全土）を安定させた（『山海経』海内経）とか、洪水をさえぎった（『国語』魯語・上）、天災に遭ったとき城郭を築いて国を守った（『初学記』所引『呉越春秋』）とも伝えられており、必ずしも無能ではありません。鯀は黄帝の孫（『山海経』海内経）だとか帝の元子《げんし》（長男）である（『墨子』尚賢・中）という説明は鯀の出自の由緒正しさを述べたものですし、耒耜《らいし》（鋤）を作ったとか牛を馴らした（『世本』）という伝承は農業においても有能な指導者であったことを示しています。

ではなぜ鯀は治水に失敗したとされたのでしょうか。それは共工の治水方式を継承したためだとされます。共工方式とは「堤を築いて百川の流れを変え、高地を削って低地を埋め」ることであり（『国語』周語・下）、『山海経』海内経には「鯀は帝の息壌《そくじょう》をぬすんで洪水を堙《ふさ》いだ」とあります。「息壌」とは自然に盛りあがってくる土で、地下水の膨張や造山活動によって隆起した土地のことと解釈されています。共工や鯀の方式は「湮《いん》」方式と呼ばれています。

鯀は全力を尽くして洪水を防いだと思われますのに、水が万物を潤《うるお》し流れ下るという性質、つまり五行《ごぎょう》（天地自然の秩序）を乱したとされ（『尚書』洪範）、帝は祝融を派遣して鯀を羽山《うざん》の近くで殺させました（『山海経』海内経）。何ともおかしな措置であり、屈原《くつげん》が『楚辞《そじ》』天問で「人びとの気持ちにそって功を成したのに、帝はどうして刑したのか」と述べているのも、もっともな疑問です。

『楚辞』天問には、また「鴟亀《しき》が尾を曳《ひ》きながら続いて行くのを見て鯀はなぜ従ったのか」とあります。鯀は、何匹もの鴟亀がつながっていくようすにヒントを得て堤防を築いて水をさえぎったと解釈されています。鴟亀とは神話中の亀で、フクロウ（鴟）のような鳴き声のようです。この堤防は、清・毛奇齢《もうきれい》『天問補注』に、鯀は「特に堤を築きて水を障《さえぎ》り、……疏導に用いず、但だ防《ぼう》遏《あつ》に用う」とあるように、水を導き流すのではなく、さえぎるためのものでした。「亀の技術」によって水をさえぎった最初のことと言えるでしょう。

「天問」には、さらに「鯀は〔死後に〕黄熊《こうゆう》となったが、神巫《しんふ》はどのようにして復活させたのか」とあります。当時、鯀の復活神話が伝わっていたと思われますが、今日では、まったく分かりません。鯀が黄熊になったという話は『国語』晋語・八や『左氏伝』昭公七年にも見えます。『左氏伝』の黄熊について、唐・陸徳明の『経典釈文』には「黄熊は黄能とも書かれ、能はノウあるいはナイと読む。三本足の鼈《べつ》〔すっぽん〕のこと」とあります。これらの記述から考えますと、どうやら鯀は鼈や亀と関係があるようです。

『山海経』海内経には、鯀が羽山の近くで殺されたあと、その腹から禹が生まれた、とあります。そこの郭璞《かくはん》による注に引用された『開筮《かいぜい》』には「鯀は死んで三年たっても腐らず、呉の名刀で切りさくと黄龍に変化した」とあります。素直に考えれば鯀から変化してうまれた黄龍が禹だということになるでしょう。帝は禹に命令し、鯀に続いて治水事業を担当させました。

禹の治水事業

禹の奮闘ぶりは、さまざまな書物に記されています。『史記』夏本紀によれば、禹は治水事業を命じられてから父の失敗を教訓とし、一三年間も中国全土をかけめぐり、沢に堤防を造り、川を通じさせ、あふれた湖や沢を排水し、開拓すべきところは開拓して全土を安定させました。『荘子』天下篇には、みずからもっこや鍬《くわ》をとり、天下の川を集めて海にながし、ふくらはぎの肉はそげ落ち、すねの毛はすり切れ、長雨にぬれ、疾風に髪をふりみだして、万国を定めた、とあります。『孟子』滕文公《とうぶんこう》・上には、禹は黄河下流の支流である九河を疎通させ、済水《せいすい》などを治めて海に流し、汝《じょ》水《すい》、漢水《かんすい》の水路を切りひらき、淮水《わいすい》、泗水《しすい》を浚渫《しゅんせつ》して長江に導いた、とあります。

これらに見られる禹の治水方式は、共工や鯀の湮方式ではなく、水路を切りひらいて洪水を海や大河に流しこむ方式で、疏《そ》方式と呼ばれます。治水の「治」というのも、元来、水をするすると伸ばすことで、水路をつけて河水を導く「疏」方式こそ、「治水」に相応《ふさわ》しい方式だということになります。『楚辞』天問には、また「応龍は何ぞ画《えが》ける」とあり、そこの後漢・王逸《おういつ》の注は「或る説を引用して「禹が洪水を治めた時、神龍が尾によって地面に筋を引き、切りひらくべき所まで水の流れを導いたので、それに従って治めた」と記しています。鯀の治水方式が亀の行動にヒントを得て行なった、水をふさぐ湮方式であるのに対して、禹は龍に導かれて疏方式を開発したことになります。

一三年間治水事業に没頭したという点には、一〇年とか八年、七年、五年など、別の伝承もあります。それは年月の相違にすぎませんが、『淮南子』地形訓には「禹は息土〔息壌のこと〕を用いて洪水を填め、大きな山とした」とあり、さきほど言及した『山海経』海内経にも、禹は「土を敷きつめて洪水を防いだ」とあります。その他の多くの資料から考えますと、禹も堙方式を用いたことは確かだと思われます。というより、今から四千年以上も昔の鯀や禹の時代には疏の技術は未発達であり、「川を疏し滞を導き、合わせて四海に通す」のは、はるか後世の戦国時代になって実現したことで、禹が疏方式を採ったというのは戦国時代の潮流を反映したもの（呂思勉・童書業『古史弁』七・下「鯀禹的伝説」三）という説もあります。

では、なぜ鯀と禹が異なった治水方式をとり、その結果失敗者と成功者に分かれた、と考えられるようになったのでしょうか。その点については、民族や部族間の闘争、信仰形態の違い、神話の伝承系統の相違、後世の歴史家や思想家による合理化等々、複雑にして厄介な問題があります。その中で、とくに注目されるのは、水神として亀を信仰する鯀族と龍を信仰する禹族の勢力に盛衰があった（赤塚忠訳『書経』堯典・注）という説です。結局、亀信仰の鯀族が龍信仰の禹族に敗れたわけですが、治水の連続性を背景として親子に配当されたのだと思われます。

禹は、治水の功績もあって舜から帝位を譲られました。禹以降は親子兄弟で帝位を継承しましたので世襲王朝が成立し、夏《か》王朝と呼ばれます。最近では、その実在性がかなり信じられていて、紀元前二一世紀ごろから紀元前一六世紀なかばごろまでの王朝であったとされています。

禹が治水を行ったとしても、せいぜい河南北部から山西南部にかけて、黄河の中・下流とその支流ですが、春秋戦国のころには禹は中国全土を回復したという伝説が成立していました。そのような禹伝説を記した文字資料としては、さかのぼっても西周なかばころまで（岡村秀典『夏王朝　中国文明の原像』第一章）のようです。

黄河の治水

治水上で最大の問題河川は黄河です。そこで最後に、簡単に黄河の治水について触れておきましょう。『左氏伝』襄公八年〔前五六五年〕には「河《か》の清むを俟《ま》たば、人寿は幾何《いくばく》ぞ」とあって、文献上で黄河が濁河であることに言及した最初とされています。河とは黄河を指す固有名詞で、黄河という名は前漢の初めころにできたものです。

文字記録の残っている二千数百年間、一九三〇年代の初頭までに、黄河は一五七五回も氾濫しました。だいたい三年に二度の割合で氾濫し、下流の河道も百年に一回くらいの頻度で変わりました。黄河の氾濫は、下流域の河底に大量の土砂が堆積することによる天井川の形成と密接な関係があり、それは文明の発展によって上・中流域の開発が進んだことの結果ですから、必ずしも遥かな太古から黄河が暴れ川であったわけではないでしょう。殷《いん》以前の状況は不明ですが、殷から戦国にかけては、黄河中流域の植物の成育状況はきわめて良好で、森林面積は広く、草原もかなりあり、農地は黄河の支流である渭水《いすい》の下流域や、その東の平原地帯に限られていました。ところが、前漢では黄河は頻繁に氾濫しました。原因は、戦国末から秦代にかけて中流域の草原が広範囲に農地化され、泥沙が水中に流入して下流の河床が高くなったことにあります。『漢書』溝洫《こうきょく》志などによれば、放水路などによる氾濫対策がとられましたが、あまり効果はなかったようです。

後漢以降は、黄河は相対的に安定していました。後漢のはじめには、治水家の王景《おうけい》が堤防の決壊した箇所を塞いだり、長堤を築いたりして氾濫を予防しました。しかし、安定の最大の原因は、中流域の各地に西北方面から遊牧民が大挙して入りこみ、農地がふたたび草原化したことにあります。唐代後半以後は、変化の速度に遅速はありますが、中流域の森林は破壊され、草原は農地化され、砂漠が拡大しました。宋代では泥沙沈殿の速度が速まり、河道は頻繁に変わり、明清時代には氾濫の頻度はさらに高まりました。明の潘季馴《はんきじゅん》（一五二一～九五）や清の陳潢《ちんこう》（一六三七～八八）は有名な治水家で、彼らの努力によって、黄河は一時期、安定しました。最近では、洪水よりも、黄河の流れが海にまで届かないという、いわゆる断流の問題が深刻で、水をどう確保するかが大きな課題となっています。

第3章 日本各地の禹王をたずねて

禹《う》甸《でん》荘《しょう》碑

禹甸荘碑（A-01）が位置する泉郷《いずみさと》神社は、国道三三七号線と嶮淵川《けぬふちがわ》が交差する地点の小高い丘の上にあります。嶮淵川は支笏《しこつ》湖に発し、石狩低地帯を流れ江別市で石狩川に流れこむ千歳川の支流です。開拓時には馬追《まおい》丘陵の南裾を回りこむように南西へ流れ、馬追沼に注ぎこんだのち千歳川に流れこんでいました。この川の名は、ハンノキが生い茂っていたことによりアイヌ語の「ケネ・ペッ kene-pet」（ハンノキ・川）に由来するといわれています。

一八九一（明治二四）年から一八九四（明治二七）年に千歳地区の土地区画測量が実施され、これ以降に本格的な開拓移民の時代を迎えることになります。一九〇〇（明治三三）年からの嶮淵川改修開削工事は、ケヌフチ橋（現「いずみさと橋」）を中心に上流約一〇〇メートルと下流約五五〇メートルを直線的に開削しました（碑裏面には五〇〇間「約九〇〇メートル」とある）。集落全員の協力により改修開削工事は行われ、改修区間の水害は緩和されました。一九六〇（昭和三五）年以降、農業の機械化が進むと、より広い区画の農地が必要となりました。そこで、一九七五（昭和五〇）年に嶮淵川下流の約二二〇ヘクタールの汎用耕地化をめざす道営圃場《ほじょう》整備事業が開始され、一九八八（昭和六三）年に用排水分離の完全なる汎用耕地が完成したのです。その完成を記念して泉郷地区圃場整備区域が一望できる泉郷神社境内に禹甸荘碑は建立されました。泉郷神社は、一八九一（明治二四）年に高橋久蔵・野元源三ら六人により現在の場所にその社殿が建立されました。

禹甸荘碑の碑文撰者は、道営泉郷地区圃場整備事業促進期成会の会長・清水修氏で「禹甸荘」は、氏の造語であると伝えられています。なお清水修氏は泉郷生まれで、文学に長け戦前は地元の師範学校で教鞭を執っていました。その後、農業に専念する傍ら郷土誌『ケヌフチ物語』等々の編纂に注力されました。碑に刻まれた文字の意味は以下の通りです。

「禹」：中国約四千年の歴史の中で尭《ぎょう》・舜《しゅん》の時代に身を挺して黄河の治水事業を成功させ、武力による解決ではなく至誠をもって治める夏王朝の始祖であり、治水の神とされる。

「甸」：天子の直属の土地（畿内）で、整然と区画された田、畑のこと。

「荘」：作物が何でも立派に成育する農村地域のこと。

禹甸荘碑裏面にある碑文内容は、入植時から一世紀以上もの長い年月をかけたケヌフチ原野の開拓と耕地整理、沼地の干拓による境界紛争の調整、営農に心骨を注いで努力してきた泉郷の先人の偉業を顕彰し、夏の「禹王」の偉業になぞらえたものと思われます。

（井上三男）

川村孫兵衛《かわむらまごべえ》の北上川付替え

JR石巻《いしのまき》線石巻駅から東方向に約九〇〇メートル、旧北上川《きたかみがわ》河畔に住吉公園と大嶋神社があり、本殿に向かって境内左寄りに、川村孫兵衛紀功碑（A-02）が立っています。碑文（松倉恂撰）の大意はつぎの通りです。

ああ、水の利害は誠に大きい。害とは洪水・氾濫であり、利とは舟運と漑灌《がいかん》〔田畑に水をみたす〕である。だからよく水を抑える者はその害を抑えてその利を得る。中国の夏の禹をはじめとして皆そうである。〔中略〕君がまさに初めて事業を起こそうとするとき、沿岸の高い木に登って、水の流れが向かう方向を良く見定めたことや、三年もの長い間の苦労は、禹が四種類の乗り物を使い分けて治水事業に奔走し、家の前を三度通るも家には立ち寄らなかったという話〔史記〕そのままである。今私は短い詩をつくってそれを以ってその霊を祭る。

神禹の後はただ君あるのみ　心身をささげ世をたすけしすぐれた功績
物見の松は今も青々として　千年もの間人々に君の威風を敬わせる

この紀功碑と並んで、川開由緒之碑《かわびらきゆいしょのひ》（一九五四年建立・石巻市川開委員会）があります。そこには、石巻開港の恩人伊達政宗公と川村孫兵衛に感謝するとともに、市の繁栄を願って一九一六（大正五）年に始まった北上川川開《かわびらき》が市の繁栄に効果があったので、この時の先輩諸賢の功績を記すものである、との旨が記されています。

川村孫兵衛（一五七五〜一六四八）は、山口県（長州阿武郡）に生まれ、はじめ毛利輝元につかえましたが、後、仙台藩主伊達政宗に見出されてその家臣となり、土木技術の知識に秀でていたことから、藩内の開発事業にあたりました。製塩や製鉄などにも関係しましたが、最大の事業は元和九〜寛永三（一六二三〜二六）年の北上川流路変更でした。北上川は岩手県御堂のあたりから発して宮城県石巻湾・追波湾《おっぱ》に注ぐ全長二四九キロ、流域面積一万二五〇〇平方キロの東北第一の大河です。この北上川の追波湾に注ぐ流路に加えて、下流で迫川《はざま》、真野《まの》川と合流した流路が、石巻で海に注ぐようにしたのです。この結果、北上川の舟運は飛躍的に発展し、石巻は、仙台藩・南部藩などの江戸廻米の集積地となりました。また新田開発も大いに進みました。

川村は石巻で生涯を閉じますが、彼の屋敷地（同市新館二丁目）近くに川村孫兵衛夫妻之墓と重吉神社があります。二〇一一年東日本大震災の大津波により、墓と神社は崩壊・消失し、石の道標が倒れて横たわっていました（二〇一二年七月）。

なお北上川と石巻市を見下ろす日和山公園には一九八三年に河北新報社が建立した川村孫兵衛の銅像が立っています。

（佐久間俊治）

片品川と大禹皇帝碑

片品村の環境

大禹皇帝碑（B-02）のある片品村は群馬県の東北部に位置し、周囲は白根火山群の二〇〇〇メートル以上の高山に囲まれ急峻な地形となっています。村の大半は尾瀬国立公園と日光国立公園に属しており、利根川水系片品川の源流は尾瀬原周辺です。このように急峻で火山地帯特有の表土が浅いために雨水の浸透が悪く、地表を流れるので洪水になりやすく、流れも速いので毎年のように水害がくり返されてきました。

古仲《こなか》地区から下流に谷間が開け、集落と田畑がひろがるようになります。古仲集落の奥、古仲城址の真下は川幅が約三メートルと最も狭くなるため、上流側に流木などによる天然の堰止め湖が多数できます。上流のダムが決壊すると鉄砲水となって下流のダムをつぎつぎと決壊させていき、つ

桐の木橋から下流を望む

いには古仲地区をはじめとする下流の低地を襲い大きな被害をもたらすのです。このように、天然ダムの決壊により想像もつかない大水が出るとは知らず、下流の温泉に入浴中の人が何人も流され、隣の利根村（現沼田市）の有名な温泉でも犠牲者が多く出たとの伝承があります。筆者も昭和の中頃の水害で、子どもを含む数人の犠牲者や家屋、橋梁、田畑の流失を目の当たりにしており水害の恐ろしさを実感しました。

旧建設省の調べによると、水害は延宝五（一六七七）年から一九七五（昭和五〇）年までに七九回とされています。一九五五（昭和三〇）年以前は橋が流失すると、復旧には橋脚や橋桁の木を山から伐り出す作業から始めなければならず大変でした。その後はワイヤーロープで一端を固定するようになり、水量が減れば一両日中に復旧でき、通学や生活路は確保できるようになりました。

大禹皇帝碑の建立

大禹皇帝碑は片品村の古仲地区にあり、古仲の名家に生まれた星野誉市郎《よいちろう》が中心となり村人たちに諮り、一八七四（明治七）年に建立したものです。星野家は戸倉の松浦家と天和二（一六八二）年より代々戸倉の関守をしており、誉市郎は最後の関守として一八六九（明治二）年関所が廃止になるまで務めていました。

そのころ古仲は、度重なる水害に加え天明三（一七八三）年の浅間の大噴火に続いて天明の大飢饉となり、文政から天保年間（一八一八〜一八四三年）にかけて村民の生活は限界に達していました。

その苦しさから、生まれたばかりの赤子を絞め殺すという間引きが起こり、沼田城主土岐山城守《ときやましろのかみ》が「赤子殺し戒め」のお触れを領内に出していることが古文書に記されています。

このような惨状に心を痛めた誉市郎は、一大決心し古仲城址（山城）に籠もり、二一日間の断食をして会津若松へ勉学修行に出かけ、そこで会津藩校日新館の親章先生を知ったのです。そして村民たちの窮状を話して碑文を依頼しました。それから数年をかけ、有志の協力を得て念願の碑を建立したようです。

大禹皇帝碑は、巨大な自然石に七七文字の碑文が鳥虫篆書体《ちょうちゅうてんしょ》という、かなり特異な字体で彫刻されていますが、これは中国で「岣嶁碑《こうろう》」と呼ばれるものの原碑とほとんど同じものだということが分かっています。一般には読み難く、文の意味は、中国の学者のあいだでも細部について諸説があるといいます。これまで日本で確認された禹王に関する碑や遺跡のなかで、中国の原碑に類似するものは唯一この碑だけです。貴重な碑を永く保存し後世に伝えていきたいものです。

碑文の謎

中国にある原碑と同じく鳥虫篆書体七七文字を刻んだ大禹皇帝碑文がなぜ片品に伝わったのでしょうか。碑の原文が、誉市郎が親章先生より持ちかえったものであることは前に述べた通りです。

当時の会津藩主松平容保《かたもり》は、尾張徳川家の分家高須松平家一〇代藩主松平義達《よしたつ》の子であります。尾張徳川家の初代藩主義直は金製の禹王の像（C-16）を造らせ、容保の父義達は自ら禹王の木造

（C‐08）を手彫りして祀り禹王を信仰していたことが明らかになっています。このように、禹王を信仰する高須松平家から養子として会津藩主となった容保もその影響を受けていたことが推測できます。

その後、全国禹王サミット（二〇一二年一〇月）を片品村で開催するに際し、約一年前から実行委員会を立ち上げ「大禹皇帝碑建立の経緯」を見直した結果、以下の二点が明らかになりました。①碑の裏面に建立代表者として「幽斎星隣」「三光星藩」「宮田順甫」の三名が刻まれており、前二者はそれぞれ星野誉市郎、大鵬《たいぼう》の父子であるが、宮田は旧東小川村の蘭学者宮田秀甫《しゅうほ》の父君であること。よって、碑の建立にあたって当地の古仲だけでなく流域他村の協力があったことが推定されます。②江戸末期（一八〇〇年頃以降）から明治初期にかけ片品川上流域（現片品村）が、漢学のメッカであったこと。このことから、会津藩校の親章先生の助力を得ずとも片品在住の文化人によって自力で大禹皇帝碑を建立した可能性が浮かび上がってきたのです。今後、真相究明に向けさらに研究を進めていきたいと念願しています。

（宮田　勝）

酒匂川《さかわがわ》と文命宮《ぶんめいきゅう》

酒匂川は、総延長四六キロ、流域面積五八二平方キロ。富士山東斜面の水を集める鮎沢川《あゆさわがわ》と、丹沢山地西側の水を集める河内川《こうちがわ》が源です。途中で皆瀬川《みなせがわ》、川音川《かわおとがわ》、狩川《かりがわ》を合わせ、小田原市で相模湾に注ぎます。酒匂川は土砂の搬出量が多く、足柄平野全域で扇状地を形成し、河口近くに小規模な三角州が見られるにすぎません。江戸時代以前は氾濫のたびに平野部で流路が変化し、かつ分流をくり返していたと考えられています。

足柄平野の開発と宝永の大噴火

天正一八(一五九〇)年、豊臣秀吉の小田原攻めで後北条氏が滅ぶと、徳川家康が関東を領国とし、その家臣の大久保氏が小田原城主となりました。領主の大久保忠世《ただよ》・忠隣《ただちか》父子は平野部の酒匂川の川筋を一本にまとめ、酒匂堰などの用水路の開削を行い、用水を網の目のように平野にめぐらせて大規模な新田開発を行いました。開発の根幹である川筋を一本にするためには、急流である酒匂川を制御する必要があり、そのために春日森《かすがもり》土手《どて》、岩流瀬《がらぜ》土手《どて》、大口《おおくち》土手《どて》が築造されました。これらの土手は文禄元（一五九二）年から慶長一四（一六〇九）年ごろにかけて築かれ、酒匂川は現在の流路となりました。土手が築かれ、用水が確保されると大いに新田開発が進みました。一例を示しましょう。足柄平野の北部中央に位置する金井島村（現開成町）は、大久保氏が支配を始めたとき天正一九（一五九一）年の耕地面積を一〇〇とすると、約五〇年後の寛永一七（一六四〇）年には二〇〇以上にもなりました。とくに水田面積の増加は大きく、米が増産すなわち石高《こくだか》が上昇しました。大久保氏がめざした開発政策は着実に成果を上げたのです。

足柄平野の大開発により生産力が大きく向上し生産が安定しはじめたころ、宝永四（一七〇七）年一一月二三日（現在の一二月一六日）富士山が突然噴火しました。宝永の大噴火です。壗下村《まましたむら》（現南足柄市）の名主は次のように書き記しています。

午前一一時頃、富士山が震動し雷のような音が響きわたった。そのうち空が暗くなり富士山が火炎をふきはじめ、梅の実ほどの軽石、少したって黒い砂が降ってきた。あたりは降り続く砂で暗くなり、人の顔も見えなくなってきたので昼間なのにあんどんを立て、かがり火をたいた。噴火の爆発音と震動で家がゆれ、戸がはめられなくなった。少しずつ噴火は収まってきて一一月二八日〔現在の一二月二一日〕には小降りになり、一二月八日〔同一二月三一日〕には止んだ

噴火は一六日間続きました。噴火による降砂は足柄上郡域では三〇～六〇センチ、小田原市域で

表1　農地復旧の見積計画

1尺＝30.3cm＝10寸

砂の深さ1尺6寸	田方総反別	田方砂置き場	砂退けし開発する反別	片づけに必要な人足数	1尺6寸×1坪の片づけ人足数
	32町2反8畝1歩	12町9反1畝6歩	19町3反6畝25歩	216,926人	14人
	畑方総反別	畑方砂置き場	砂退けし開発する反別	片づけに必要な人足数	
	3町9反1畝9歩	1町5反6畝15歩	2町3反4畝24歩	26,297人	

は一五～三〇センチ積もりました。上の表は壗下村の被害と、復旧のために村が藩に提出した見積計画の様子です。壗下村の場合、村の耕地の半分弱を砂置き場にあてる計画とし、降砂をすべて片づけるには延べ二四万三二二三人もの人足が必要と算出されました。当時の村の人口は二七二人です。

噴火の降砂により甚大な被害をうけた小田原藩は噴火の翌年一七〇八年閏《うるう》一月、幕府の直轄領となり足柄地方は伊《い》奈《な》半《はん》左《ざ》衛《え》門《もん》忠《ただ》順《のぶ》の支配となりました。幕府は酒匂川の河道に土砂が流れこみ河口の東海道の通行に支障が出たため、岡山藩主池田綱政らに川浚《かわざら》い普請を命じました。普請は同年三月から六月に行われたものの、あまり成果は上がりませんでした。普請終了後の六月二二日、豪雨となり上流の土砂が酒匂川に押し寄せたため、岩流瀬・大口土手とも決壊し、大口土手下流の村々を洪水が襲ったのです。

その後、岩流瀬・大口土手の締切り工事が行われましたが、正徳元（一七一一）年七月二七日の洪水で岩流瀬・大口土手ともふたたび決壊、以後、酒匂川は平野部西側（現南足柄市側）を流れるありさまでした。今まで流路だった平野部東側から中央部の村々は、水害から解放され、また旧河道を水田化したこともあり、新流路の固定化を願いました。一方、酒匂川が村の中を貫流することになってしまった村々は、すぐにでも流路をもとに戻してほしいと訴願をしました。こうして新しい流路をめぐり、平野部の村々の対立が起こったのです。

村の中が河道となり生活が立ちいかなくなった班目村《まだらめむら》、岡野村、千津嶋村《せんづしまむら》、壗下村、竹松村《たけまつむら》、和田河原村《わだがはらむら》（岡野村のみ現開成町、その他は現南足柄市）の六ヶ村は水害を避けるため、西側丘陵地、怒田村《ぬだむら》の幕府所有の山林（御林《おはやし》）を開墾、掘立小屋生活を強いられることとなりました。現在でもアサヒビールの工場付近などに当時の区画割りが残っています。

田中丘隅《きゅうぐ》と文命宮

決壊したまま放置された岩流瀬土手・大口土手を締め切り、酒匂川を以前の流路に戻したのが田中丘隅です。丘隅は現在のあきる野市出身の農民で川崎宿の名主となり、疲弊した宿の立て直しに手腕を発揮しました。丘隅が酒匂川治水にかかわるようになったのは、江戸町奉行のみならず南関東の幕領の農政責任者であった大岡越前守忠相《ただすけ》が、丘隅の著書『民間省要《みんかんせいよう》』に注目し、彼を取り立てたことによります。大岡は八代将軍徳川吉宗の信頼が厚く対話も十分でしたから、丘隅を取り立てて酒匂川の復興に充てることを吉宗は承知していたと考えられます。

享保一〇（一七二五）年一二月、丘隅は大岡の指揮監督のもと「相州酒匂川両堤御普請所掛《そうしゅうさかわがわりょうつつみごふしんじょかかり》」を命ぜられ、酒匂川の治水事業にあたることになります。翌享保一一年早々、川村向原《かわむらむこうはら》（現山北町）

の華《け》(花)蔵院《ぞういん》を宿舎とし、締切り工事にとりかかりました。締切りにあたっては弁慶枠《べんけいわく》とよばれる構造物を、水の勢いがあたる土手の表面に並べ、いっきに普請を行い四月ころには岩流瀬土手・大口土手の工事を完了させました。

丘隅は土手の完成後、治水神である禹王を文命宮として両土手に祀りました。文命とは禹の諱《いみな》です。これにちなみ岩流瀬土手を文命西堤《せいてい》、大口土手を文命東堤《とうてい》と命名したのです。大口の文命宮は関東大震災で倒壊してしまいましたが、二〇〇九(平成二一)年に元碑の一部が発掘されたためこれを利用して再建したものです。しかし、岩流瀬のそれは創建当時のものです。

丘隅が禹王、すなわち文命を祀ったのは、噴火と氾濫による荒廃で対立をかかえた地域をまとめあげ、復興・再生のシンボルとすること、完成した両堤が地域にとって特別な存在であることを意識させ注目させる狙いがあったと考えられます。このため丘隅は両文命宮の隣に禹王の功績や文命宮の創建の理由、治水の心構えを格調の高い漢文体で刻んだ碑を建てます。文命東堤碑(B-12)、文命西堤碑(B-13)です。

東堤碑の碑文は、丘隅が書き起こしたものを上司の大岡が八代将軍徳川吉宗に上げ、文章を見た吉宗の命を受けて荻生《おぎゅう》徂徠《そらい》に推敲させたのち、さらに大岡から丘隅に戻されました。このように、東堤碑文には将軍吉宗や大岡忠相、荻生徂徠が深く関係しています。西堤碑の碑文も荻生徂徠が推敲しています。またそれぞれの碑文には、享保一二(一七二七)年八月、将軍吉宗から大岡・丘隅を通じて一〇〇両が東堤を守る大口水下の村々へ、二〇両が西堤を守る河村岸《かわむらきし》へ下賜され、これを

福澤神社(東堤)の祭礼。左はしに東堤碑と文命官が見える

元手に毎年四月一日に祭礼を実施せよ、とあります。祭礼を命じたのは将軍吉宗ですが、企画したのは丘隅です。祭りの創設の目的は堤の永続的な保持の仕掛けをつくることと、日常的な治水への取り組みを狙ったものです。

この祭りでは昭和四〇年代まで、祭礼にやってくる人々が堤に石を積み上げる慣習が残っていましたが、現在ではなくなってしまいました。しかし今でも東西の堤では五月の連休中に祭礼が行われています。とくに東堤ではたくさんの露天商も出て多くの人々で賑《にぎ》わいます。こうして丘隅の伝えたものは現代にもしっかりと受け継がれているのです。

(関口康弘)

富士川の水運と富士水碑

富士水碑（C‐01）があるのは、山梨県南巨摩郡富士川町の鰍沢《かじかざわ》地区です。富士川町は二〇一〇（平成二二）年三月に鰍沢町と増穂町が合併して誕生しました。町の東側を流れる富士川は、釜無川を源流として、途中、御勅使川《みだいがわ》、笛吹川などと合流、さらに早川などを合わせ、駿河湾に注いでいます。球磨川《くまがわ》、最上川《もがみがわ》と並び日本三大急流のひとつに数えられています。

富士川に舟が初めて通ったのは、資料などから慶長一七（一六一二）年ではないかといわれています。主な目的は、江戸へ年貢米を運ぶためです。甲斐から駿河に向かう下り舟では米を、駿河から甲斐への上り舟では塩を運ぶため「下げ米、上げ塩」と呼ばれていました。舟運は、昭和初期まで三百年以上続きました。

富士水碑は、京の豪商角倉了以《すみのくらりょうい》の富士川開削によって、甲州、信州、駿河の人々が大いに便益を得た功績を広く世間に知らせることを目的としたものです。以前は鰍沢の船着場、河岸付近に建てられていましたが、嵩《かさ》上げ工事などで現在の地に移されました。偉業というのは往々にして、後世になって評価されたり、称えられたりするものですが、それにしても、この碑が建てられたのは、通船から一九〇年を経た寛政九（一七九七）年のことでした。いったいどのような理由や背景があったのか。これに関する資料は今のところ見つかっていません。

碑文の最初のほうに禹王に関する記述があります。その一部を抜き出すと、「懸騰すること百余里、雷呵電激、禹も鑿《うが》つこと能わず、丹も通ずること能わず」。黄河の治水に成功し、帝舜《しゅん》の禅を受けて天子となり夏の王朝を起こしたとされる禹。その禹王でさえできないことであると、富士川における開削の困難さをあらわしています。

禹《う》之《の》瀬《せ》

今も禹之瀬という地名が残っています。特にここだという限定された場所はありませんが、昔、鰍沢船着場があったところから少し下った、川幅が広がっているあたりを禹之瀬と呼んでいます。護岸工事によってだいぶ様子は変わりましたが、南側から望んだ景色は「禹之瀬の逆さ富士」と呼ばれていました。地元鰍沢小学校の応援歌には「禹之瀬のほとり水清く」という歌詞があり、鰍沢小唄にも「禹之瀬川波白帆でのぼりゃ」という一節が出てきます。また、無理な相談を受けた時の決まり文句として、「それは無理だよ禹之瀬の開削」といいます。このように、昔から富士川開削の記憶とともに「禹之瀬」という地名と禹王の名前は地元の生活に浸透しているのです。

（原田和佳）

美濃高須藩と禹王信仰

海津市は濃尾平野の南西端に位置し、木曽川・長良川・揖斐川《いびがわ》という三つの大きな川が流れこむ伊勢湾河口部のデルタ地域にあります。縄文時代前期には伊勢湾が内陸へ大きく入りこみ、養老山地の東麓まで海岸線が広がっていました。その後、上流からの土砂の堆積によって島状の陸地が点在し、そこから平野が拡大して人が住みつきました。中世から近世にかけ、土地の周囲を堤防で囲んだり新田開発を進めたりしたために大小の輪中《わじゅう》集落が成立・発展しましたが、低湿な土地であることから人々はたびたび水害に悩まされ、そこから特有の生活文化や水との闘いの歴史が生まれました。

江戸時代、尾張・美濃・伊勢の国境にあたる海津市域には、幕府領・尾張藩領・高須藩領・大垣藩領・旗本領の村々が混在していました。宝暦の御手伝い普請に代表される大規模な国役普請《くにやくふしん》や百姓自普請といった官民双方向による治水対策がくり返し行われ、大名領主にとっても水害多発地の領地経営は容易ではありませんでした。

天和元（一六八一）年、尾張藩主二代徳川光友の次男義行が信濃国に三万石を与えられて分家し、松平氏を名のります。元禄一三（一七〇〇）年以降は、所領の半分を美濃国高須（海津市海津町）とその周辺の村々に移されて高須を本拠とし、明治まで一三代続きました。その間、尾張藩の支藩として、後継者を差し出したりまた家臣の派遣や恒常的な経済援助を受けるなど、宗家と密接な関係にありました。

高須藩主一〇代義建《よしたつ》は水害に悩む領民を憂い、天保九（一八三八）年九月禹王の木像（C-07）を制作して高須城下の諦観院に祀るよう下賜しました。そのいきさつが高須藩士の日記等に記されています。

一　当辺度々の入水につき御□御心痛在らせられ、御彫刻の大禹木像一体江戸表より増田助太郎殿御預りに罷り登られ、帰国の上役所へ引き渡し相成り候上、内願を以て諦観院へ御安置と成る
右の御賛在らせられ候掛け物四幅の内、一幅は須脇覚明寺へ安置、一幅は日下丸法圓寺へ安置、一幅は萱野願信寺へ安置、一幅は秋江三カ寺へ安置に成る
但し、禹王木像は天保九戌九月十日諦観院へ渡しに成るほか、掛け物四幅は九月十五日それぞれへ渡しに成る
尤も、役所より右請け取りに、寺々は勿論、右四カ村庄屋・組頭・長百姓、裃にて白木長持を持たせ請け取りに出る　帰りの節、右長持に大禹聖像―此の通りの長持絵符付け候て帰宅の事（『諸事留書』）

この記録によれば、藩主が自ら彫った禹王の木像および賛《さん》（制作の意図と禹王への讃辞）を付した禹王の掛軸を、おそらく国元の家臣（またはその関係者）が江戸へ受け取りに出向き、地元では村役人たちがそろって正装し恭《うやうや》しく頂戴したことが分かります。木像が安置された諦観院は法華庵（現法華寺）ともいい、高須の居館にほど近い日蓮宗の寺院です。同時に下賜された四幅の掛軸（C‐08）の安置先は高須城下の四辺（東‐秋江村、西‐日下丸《ひげまる》村、南‐萱野村、北‐須脇村）にあたり、所領を取り囲むように禹王の画を祀ることで水害から地域を守ろうとする藩主の祈りが感じられます。

なお画像の作者は、「紫岡宋琳」の署名から、江戸時代末期の尾張藩御用絵師宋紫岡《そうしこう》であることが分かります。宋紫岡は江戸在住の南蘋《なんぴん》派系画師で、尾張藩主に仕えて尾張藩上屋敷の庭園図や花鳥図など精微な写実画を描きました。紫岡が禹王の肖像を描くにあたり範とした像の確定にはまだ時間を要しますが、尾張藩主初代徳川義直が深く儒学に傾倒して聖堂を造営し、それぞれの聖人像を祀っていたことから、尾張徳川家に代々伝わった禹王の図像を手本としたものと推測できます。

さて、高須藩内の禹王崇拝については、前述の藩士の記録に次のように記されています。

同〔天保九戌〕九月

一　禹王、町方に御旅所作り、百八燈献備願

同

一　須脇秋江日下丸萱野四カ村寺へ御染筆の禹王安置につき、非常ならびに祭礼の節、御紋付提灯御免願」

同〔天保十一子〕九月

一　禹王聖像、町方にて祭礼御旅所へ御遷座、夜分献燈子刻御□度願

城下町の一角に旅所を設け、紋付提灯《ちょうちん》を灯して祭礼を行うことを願い出たもので、禹王像が下賜された九月に日を定めて祭事が行われていたことが分かります。そして天保一四（一八四三）年に義建が高須へ帰国した際の記録によると、八月二八日「禹王の御まつり」に町人らがこぞって見物に出かけ、藩主も臨席して広場に設けた舞台で舞楽が催されるなど、大変な賑《にぎ》わいであったようです。その後は史料が不足していて分かりませんが、昭和後期頃までは法華寺内に建てられた御堂に安置され、折々に人々が参拝したと伝わっています。

海津市海津町秋江地区では、現在も三つの寺院が一年ごとに持ち回りでお祀りし、秋祭りの翌日にそれぞれの寺僧と地域の人が集まってお参りをしています。萱野（海津市海津町）の願信寺では、戦前までは年二回ほどお祭りをしていたそうですが、戦時中の反中国感情を考慮してか、いつの間にか本堂内に安置されるのみになりました。現在は、長年の傷みを修復したうえで大切に保存されています。

（水谷容子）

江戸時代もっとも長い川を掘った男

水埜士惇君治水碑《みずのしじゅんくん》（C‐14）は、名古屋市を流れる新川を開削した立役者水埜千之右衛門《みずのせんのえもん》（字は士惇）の顕彰碑です。碑文には、彼が安永八（一七七九）年に新川開削の普請奉行を命じられてから、新川の完成までの三年間の経緯が刻まれています。

『新川町史』によれば庄内川の上流で陶業が盛んであったことから、陶土の採掘や樹木の伐採で荒廃した山からの土砂の流出により、江戸時代には天井川化が進んでいました。慶長一九（一六一四）年には、名古屋城とその城下町側の左岸堤だけ高く堅固にしたため、右岸側（現在の新川沿い）に洪水被害が集中するようになりました。その後一八世紀後半になって、四度にわたり大きな水害に見舞われ大飢饉に陥ったため、庄屋の丹羽助左衛門義道は、周辺の村々の先頭に立って尾張藩主に治水の必要性を何度も訴えました。

そこに、もっとも長い川を掘った男、水埜千之右衛門が登場します。

安永八（一七七九）年、藩主徳川宗睦が勘定奉行元方で水利を担当する杁奉行《いりぶぎょう》の水埜千之右衛門に普請を命じ、人見弥右衛門を藩参政として、新川開削工事が始まりました。

水埜千之右衛門らは、庄内川と平行に現在水埜士惇君治水碑が建っている北名古屋市久地野あたりから新川を伊勢湾まで開削しようと計画しました。同時に庄内川に合流していた合瀬川、大山川、五条川を新川へ合流させました。さらに味鋺《あじま》村（名古屋市北区）の庄内川右岸の堤防の高さを半分ほど削って、庄内川から溢れた水が新川へ流れ落ちるように計画しました。

工事は、ほぼ三年を費やして天明八（一七八八）年春に完了しました。川の長さは約二〇キロメートルにも及ぶもので、人工の川としては日本一の長さだそうです。なお味鋺村の工事は、普請奉行川崎利左衛門によって寛政元（一七八九）年正月に始まり、寛政二（一七九〇）年に完了しました。

実際には新川の工事はスムーズに進んだわけでなく、天明六（一七八六）年に水埜千之右衛門は普請奉行を罷免されます。これは新川開削工事と並行して行っていた日光川汐入《にっこうがわしおいり》改修工事の費用が予定以上にかかっていたことで千之右衛門がその責めを負ったためです。

それでも水埜千之右衛門は治水工事の重要性を訴えつづけました。そして治水工事が完了したのです。碑文の最後には一二八字の漢詩が刻まれています。その中に「銘心禹貢」（「禹貢」を心に銘ず）とあります。「禹貢」とは中国最古の歴史書の『書経』または『尚書』の中の「禹貢」で、禹王が洪水を治め、河川の流路を整備し、全国を九州に分け、それぞれの地方の産物を水路によって国都冀州に貢納させたことを簡明に叙述した一種の地理書です。新川開削による「新川船運」で尾張藩の繁栄を実現させたのも水埜千之右衛門の功績でした。治水のみならず、こうした水運整備による繁栄を千之右衛門も心に描いていたのです。

（木谷幹一）

鴨川の禹王廟

鴨川は、京都市内を流れる一級河川です。河川法上、京都市西北部の桟敷ヶ岳《さじきがたけ》を源流とし、京都盆地に流れ出ます。京都市街地北東部の賀茂大橋で高野川と合流し、それ以北では「賀茂川（加茂川）」と表記されます。高瀬川との合流後はちょうどY字のように市街地の東部を南へまっすぐに流れ、最終的には桂川と合流し、桂川は淀川へ合流して大阪湾に注ぎます。約八キロメートルで五五メートルの落差を流れ下る勾配の急な川です。

現在では河川敷に遊歩道が敷かれ、四季の移り変わりを楽しむ市民の憩いの場として親しまれている鴨川ですが、かつてその河川敷は死体置き場、処刑場として利用されていました。現在の鴨川の川幅は五〇メートルほどですが、平安京造営期には三〇〇メートルほどあったといわれており、洪水も頻発していました。またその頃には鴨川は京の外に位置する川という認識であったため、人々にとって鴨川より東は異界として恐れられる場所であったのです。

為政者にとって洪水をくり返す鴨川の治水を行うことは重要な課題でした。平安時代の八二四年には防鴨河使《ぼうかし》と呼ばれる、鴨川の治水にあたる官職が設けられました。しかし、費用がかかるうえに成果が上がらないとして、朝廷は工事の費用を諸国に転嫁することとしました。しかし工事を担当する諸国は費用と人夫を調達できず、一二世紀前半までに防鴨河使は形骸化していったといわれています。

禹王廟（D-01）があった場所は京都市東山区、四条通と大和大路通が交わったところで、現在の仲源寺の西隣にあたります。しかし、禹王廟が最初にあったとされているのは鴨川の中州、五条橋中島（現在の松原橋付近）なのです。五条橋中島には安倍清明が鴨川の鎮静を祈ったという伝説があり、鎌倉時代中期以降、法城寺という寺が建っていました。この寺の名にも「水（氵）が去って土と成る」という洪水を鎮める願いが込められているとされています。この法城寺に禹王廟と安倍清明を祀った清明塚が存在していました。しかし、豊臣秀吉の都市改造によって法城寺は解体されたと考えられています。

宝暦一二（一七六二）年に刊行された『京町鑑《きょうまちかがみ》』には以下のような記述があります。「此筋四条の南東川ばたに夏の禹王の廟ありし。仍て斯云。此廟今はなし。」つまり、かつて四条通南東川端に禹王廟があったというのです。これが前述した仲源寺西隣の禹王廟ではないかと言われています。また、この禹王廟に関する逸話として、安貞二（一二二八）年、大風雨により鴨川が氾濫した際に、防鴨河使の勢多判官為兼《せたのほうがんためかね》の夢の中に僧が現れ「北に弁財天、南に禹王を祀れば鴨川の洪水が治まる」と告げたことにより創建された、というものがあります。しかし、この禹王廟も室町時代後半には治水との関わりのない神明社にとってかわられます。それ以後、建仁寺のすぐ西隣に存在する恵比寿神社が禹王を祀っていたとされたり、六波羅蜜寺の北側にかつて存在した六波羅閻魔堂《ろくはらえんまどう》の閻魔王像が実は禹王像であるなどとされたりしていますが、これらが事実であったとは今のところ考えられていません。

以上のように鴨川の禹王は移ろいやすく、現在では禹王廟や禹王像はどこにも残されていません。実は禹王だけではなく、鴨川の治水を願って祀られていた治水神たちはどれも特定の場所にとどまることがない移ろいやすい神々なのです。

この現象にはいくつか考えられる理由があります。ひとつは鴨川に対する人々のイメージの転換です。一一世紀以降、都市の下層民が鴨川の河原に居をもとめはじめ、河川敷では阿国歌舞伎に代表されるように様々なイベントが行われるようになりました。また、鴨川左岸（東岸）に人が住むようになったことで、鴨川は平安京（市街地）の外側ではなくなりました。豊臣秀吉による京都改造以降は河原が死体置き場として使用されることもなくなったのです。そして江戸時代に入った寛文一〇（一六七〇）年、鴨川にはじめて本格的な堤防がつくられました。寛文新堤です。これによって、まず川幅が一〇〇メートルほどで一定となり、流れが直線化されました。実質的には、寛文新堤に洪水防止の効果はなかったといわれていますが、鴨川周辺には重要な変化が起こりました。それまでの河川敷が堤防より陸側に組みこまれたことによって、その場所に遊興的な新しい街が誕生したのです。京都の花街として有名な先斗町《ぽんとちょう》や宮川町が発展していったのもこの普請がきっかけです。さらに水際に降りやすくなったことで、庶民の間にいわゆるウォーターフロントブームが起こるようになり、鴨川は人々の遊び場、生活の場として認識されるようになりました。つまり、鴨川に対する恐ろしさや、鴨川から東は異界であるといった宗教観が人々の間から薄れていってしまったのではないかと考えられるのです。

もう一つの理由として考えられるのは建仁寺周辺の開発です。鴨川左岸、今の四条通から五条通の間は一七世紀には戦火によりほとんどが耕作地でしたが、一八世紀初頭から開発が進み一八世紀末にはほぼ全域が町家地となりました。さらに宮川町が開発され、これによって人々の出入りが活発になりました。一般的に水神信仰の担い手は、その水源によって恩恵や被害をこうむる集落であるとされています。四条通から五条通りまでの鴨川では開発とそれに伴う人口流入によって、治水信仰を受け継ぐコミュニティが存在しなくなってしまったのです。

現在、鴨川の治水神に関する一番有名な話は、かつての禹王廟の隣に存在する仲源寺です。この仲源寺は天正一三（一五八五）年に現在の場所へ移転しており、目疾《めやみ》地蔵と呼ばれる眼病治癒のご利益のある地蔵が祀られています。この目疾地蔵がもともとの名前を雨止《あめやみ》地蔵といい、水神であったといわれているのです。しかし、目疾地蔵が水神として祀られていたという記録は今のところ見つかっておらず、この話は江戸時代以降の創作だといわれています。もしかすると室町時代末に禹王廟が失われてしまったために、その隣地の仲源寺が目疾地蔵の物語を借りて鴨川の治水の神を継承したのかもしれません。目疾地蔵の物語はかつての禹王廟の名残なのかもしれないのです。

（渡邉桂奈絵）

近代淀川の禹王碑たち

はじめに

琵琶湖にその流れを発する淀川は、古代より政治・経済の中心であった京都や大阪を貫く母なる川として重要な役割をはたしてきましたが、同時に、幾多の洪水により、市民の生命や財産を奪ってきました。『日本書紀』によれば仁徳天皇の時代、淀川には史上初の堤防とされる茨田堤《まんだのつつみ》が築かれるとともに、難波堀江《なにわのほりえ》が開削されています。その後も洪水への取り組みは絶え間なく続けられ、豊臣秀吉は宇治から大阪までの左岸に文禄堤《ぶんろくづつみ》を築き、その堤防上を京街道としました。

しかし、本格的な治水工事が開始されたのは大規模な水害が頻発した明治以降です。特に、一八八五（明治一八）年の大水害では、枚方伊加賀《ひらかたいかが》堤防の決壊により濁流水が大阪市内の大半を水没させるなど未曾有の被害をもたらしました。これを契機に、大阪では抜本的な淀川改修運動が盛り上がりを見せ、粘り強い陳情活動の結果、ついに一八九六（明治二九）年、初の近代国家プロジェクトとして滋賀、京都、大阪の三府県にわたる淀川改良工事が開始されたのです。

この淀川改良工事における最大の事業が淀川の付替え工事でした。湾曲し氾濫しがちな大阪市内の中心を流れる淀川（現大川）に対して、毛馬《けま》付近から真っ直ぐ大阪湾にいたる新たな大放水路（新淀川）を開削しました。工事にあたっては、西欧の土木技術の粋を集め、ドイツ、フランスなどの当時世界でも最新鋭の建設機械が投入されました。また、新淀川との分岐点に毛馬の洗堰《あらいぜき》が設置され、大川に入る水の量を調節するとともに、閘門《こうもん》により舟運が可能となるようにしました。

現在、淀川流域には明治期の淀川の改修事業に関連する石碑が多く残され、大事業にまつわる重要な歴史の証人となっています。近年、このうちいくつかの石碑が中国の古代の帝王「禹」の名前が刻まれている「禹王碑」であることが分かってきました。本来、禹王碑とは禹王を神として祀る石碑（文命宮《ぶんめいきゅう》、禹王廟ともいい、淀川にも唯一島本町において例が見られます）のことで、単に禹王の名が刻字されている治水碑とは異なりますが、ここでは便宜上、禹王碑と呼ぶことにします。

明治の淀川改修事業と禹王の謎

現在、淀川には六つの禹王碑（治水碑）が確認されています。すべて淀川の洪水被害の大きさ、改良工事の規模や困難度を記録するとともに、功労者の偉大さを顕彰するものですが、いくつか疑問点が生じます。

（1）なぜ明治期になり、古代中国の帝王である禹王が突如注目され何度も治水碑の中に登場することになったのか。（2）なぜ淀川流域にのみ、禹王碑が集中立地したのか。（3）他地域の禹王碑の多くが神として禹王を祀る石碑であるのに対し、淀川では治水碑ばかりなのはどうしてなのか。一般に、石碑には、後世の人々のため、語り伝えたい事績など一定のメッセージが内在しており、石碑が建立されるには、「天の時」（時代背景）、「地の利」（地域の特性）、「人の和」（社会的背景）、が必要とされるものと思われます。

天の時：禹王碑建立にいたる時代背景

一八六八（明治元）年一〇月二八日、明治新政府は早くも、会計官に治河使《ちかし》（のちに土木司に変更）を設置するとともに、庁舎を山城国八幡高坊《やわたたかぼう》・大阪府下網島ならびに島町に置き、河川改修を進めようとします。しかし、政治権力の移行期にあった明治初期には、河川改修担当組織は幾度も変遷を重ね、また改修費の負担ルールも定まっておらず、国、府県、市町村、村落共同体いずれも互いに負担を押しつけあう状況でした。不安定な時期には強いリーダーシップを発揮し、課題を解決する英雄が望まれます。近代淀川の禹王碑が生まれたのはまさにこのような時代でした。「明治戊辰《ぼしん》唐崎《からさき》築堤碑」（D-07）は、明治初年の水害の際の大阪府権大判事、関義臣の功績を顕彰していますが、その碑文の中に「今即官庫給之」という一節があります。これは堤防工事に要する莫大な資金をすべて国庫負担としたとの記述です。当時の明治政府の財政状況は困窮を極めており、河川改修費を全額国に負担させるには並外れた政治力が必要であったと考えられます。ただし、この改修事業の実施が一八六九（明治二）年三月の東京遷都の前であることに着目する必要があります。当時は、大阪も首都候補のひとつに挙げられていた時期であり、政府の河川担当部局である治河使も大阪に設置されていたため、特別な配慮があったのかもしれません。

淀川の禹王碑建立の発起人を見ると、建立の原動力となったのは、府県や市町村の地方官僚・政治家です。明治初期に新設された戸長や市町村の役人は、明治政府の最初にして最も重要な事業であった一八七三（明治六）年の地租改正にあたって、高崎藩の大石久敬による江戸時代の代官や郡奉行の統治教本『地方凡例録《じかたはんれいろく》』を必須読本としていました。実はこの書物にも禹王の事績が記されており、地方政治の現場での一般教養となっていたようです。

度重なる大水害に見舞われた淀川ですが、官民あげての陳情の結果、帝国議会において河川改修推進の決議がなされ、本格的な改修が始まろうとした一八九四（明治二七）年、突如、日清戦争が勃発し、それどころではなくなってしまいました。朝鮮半島での紛争に続く中国との不幸な交流の始まりではありましたが、この期間を通じ、日本でも、対戦国である中国（清国）の文化、歴史、地理などが市井の人にいたるまで、より身近となり、禹王の存在も知られるようになったのかもしれません。

「淀川改修紀功碑」（D-08）に記されているように、近代以前の淀川治水事業は、技術的に未成熟なため、一時しのぎの改修工事にならざるをえないところがありました。しかし、お雇い技師のデ・レーケやフランスの最新技術を持ち帰った内務省土木局（現国土交通省）の沖野忠雄らの活躍により、ようやく日本でも「禹の事績」に匹敵する完成度の高い治水事業を行うことができるようになったのがこの時期でした。

地の利：禹王碑建立に至る淀川の地域特性

歴史をひも解いてみると、明治初期の淀川では大水害が頻発していることに驚かされます。一八八五（明治一八）年の大水害以外に、主なものでも一八七一（明治四）年、一八七六（明治九）年、一八八九（明治二二）年、一八九六（明治二九）年と、一八九六年の淀川大改修まで、毎年のように洪水被害が報告されています。

淀川改良工事の費用は、最終的に総額、約一〇〇九万円（のちの関連費用を除く）となりました。ちなみに日清戦争終結後当時の国家予算は約一億六八〇〇万円ですから、長期にわたる事業とはいえ、なんと国家予算の約六％もの巨費が投じられた我が国始まって以来の大事業でした。新たに河川法が制定されたのもこの近代日本初のナショナルプロジェクトの枠組みを作るためでした。かくも空前の事業を語るに、匹敵しうる例は国内には皆無です。実際のところ黄河の治水に関る禹王の事績しか思い当らなかったのではないでしょうか。

ところで、一見、淀川には同じような禹王碑が乱立しているように見えますが、実はこれらの石碑は立地場所によりそれぞれの性格や役割が異なります（表1）。

明治戊辰唐崎築堤碑と「修堤碑」（D‐06）のある高槻《たかつき》市唐崎地区は、淀川と芥川の合流点の下流に位置し、合流にともない砂泥の沈殿が進む洪水多発地域です。立地点から見て全国の多くの禹王

表1　近代淀川の禹王碑の所在地と顕彰人物

石碑銘	所在地	顕彰する（思われる）人物
明治戊辰唐崎築堤碑	高槻市唐崎地区の淀川右岸堤防横	大阪府権大判事　関義臣
修堤碑	高槻市唐崎地区の淀川右岸堤防横	大阪府知事　建野郷三
澱河洪水紀念碑銘	大阪市都島区桜ノ宮桜宮神社内	大阪府知事　建野郷三
淀川改修紀功碑	大阪市北区長柄東国土交通省毛馬出張所構内	内務省土木監督署長　沖野忠雄
大橋房太郎君紀功碑	大阪府四條畷市南野四條畷神社内	大阪府会・市会議員　大橋房太郎
治水翁碑	大阪府四條畷市南野四條畷神社内	大阪府会・市会議員　大橋房太郎

碑と同様に洪水防止を祈念する「堤防守護」の禹王碑といえましょう。

「澱河洪水紀念碑」（D-05）は、大阪市内を流れる大川べりの桜宮《さくらのみや》神社内にあります。淀川付替えの前には、大川はれっきとした淀川本流であり、その堤防上に祀られている神社も高槻の禹王碑と同様の立地といえますが、実はこの石碑は、堤防を守るためのものではなく、意図的に堤防を破壊する「わざと切れ」を行うことにより、破堤やさらなる被害を食い止め、多くの人命を救った時の大阪府知事建野《たての》郷三《ごうぞう》の果断な対応を顕彰する、いわば「攻めの治水」の禹王碑です。

これに対して淀川改修紀功碑は、改修事業完成を祝して、新たに開削された新淀川と大川（旧淀川）をつなぐ毛馬の閘門に隣接する国土交通省の出張所内に建立されています。堂々たるその規模と形状、建立場所からいって、沖野忠雄ほか明治の建設テクノクラートを顕彰する「近代土木技術のモニュメント」としての禹王碑といえます。

さらに「大橋房太郎君紀功碑」（D-10）並びに「治水翁碑」（D-11）は、大阪府の東部、四條畷《しじょうなわて》神社が祀られている飯盛山《いいもりやま》の淀川流域を俯瞰する高台にあります。立地や、広域治水に積極的に取り組んだ政治家大橋房太郎の生涯を考えると、特定地域のためではなく「流域全体を見守る」禹王碑と言えます。

人の和：禹王碑建立にいたる社会的背景

日本では、藩校や各種私塾、寺子屋などにより幕末には、すでに相当の教育水準に達していたようですが、これらの教育の基礎となるのが漢籍であり、明治初期の初・中等教育にも一定の比重を占めていました。一方、河川工事には莫大な経費と労役がつきもので、裕福とはいえぬ当時の村落社会に相当の負担を強いるものでした。治水事業の必要性とその効果を当時の庶民階級にいたるまで理解・浸透させるうえで、『論語』『書経』などの漢籍で紹介される夏の禹王の事績は、明治時代にはそれなりの説得力を持っていたのかもしれません。当時は、私利私欲なく天下国家を憂う「志士」が理想像とされていたようですが、禹王はこの究極のモデルに当たるのではないでしょうか。

おわりに

日本では古代より、治水神として、弁財天や地蔵菩薩、安倍晴明、茨田堤を作った仁徳天皇などが祀られてきました。禹王も中・近世においては、同様に水害からの守り神のひとつとして祀られてきたのでしょう。しかし近代以降は、禹王も神や帝王ではなく、治水に成功した一人の政治家・土木技術者となり、石碑も次第に従来の信仰の対象としての禹王碑から禹王の治水事績を刻字した治水碑に変化していったと考えられます。

近年、地球温暖化の影響なのか、異常豪雨が頻発し、水害への備えの重要性が改めて注目されるようになってきました。一方、大阪では国を動かし、道州制や大阪都構想など明治期の改革以来の新たな行政の枠組みを目指そうとする動きも始まっています。自然環境が激変し、時代の閉塞感が極まるとき、あるいは、また新たな禹王が出現するのかもしれません。

（藤井　薫）

稲垣重綱と小禹廟《しょううびょう》

大阪府柏原《かしはら》市の国分東条町《こくぶひがんじょうちょう》というところに、「小禹廟」（D-12）と呼ばれる慰霊塔があります。その石碑は、台石を除いて約一メートルあまりの墓碑の形をしたもので、正面には稲垣摂津守重綱公の法名が、裏面には造塔の趣旨が碑文として刻まれています。碑文の内容は、前太守〔摂津守〕が承応三（一六五四）年の正月八日に卒去されているので、宝暦三（一七五三）年の百年忌を期して、国分村の船持仲間らが造立した、というものです。

稲垣重綱は、徳川家康麾下《きか》の戦国大名で、元和六（一六二〇）年から越後国蒲原《かんばら》郡三条の二万三千石の藩主でしたが、元和九（一六二三）年からは「大坂定番〔城番〕玉造口」役となり、大坂城に常駐、寛永八（一六三一）年からは、河内国安宿部郡《かわちのくにあすかべ》国分《こくぶ》村を含む一万石を役扶持《やくぶち》として拝領し、国分村の統治にも関わることとなりました。国分村は、大和と大坂の境に位置し、村の北側を流れる大和川と山間部に囲まれた、狭隘な土地柄でした。村にはその当時、本格的な堤防がなかったため、平地部は増水すれば河床となり、湿地帯のような状態でした。

稲垣摂津守重綱が自分の領地である国分村を巡視した時のこと、国分村庄屋東野伊右衛門《ひがしのいえもん》ら国分村の人たちが、村が難渋している問題を摂津守に陳情したという話が史料に残っています。摂津守は、すぐに決断して国分村における一大治水事業を伊右衛門らに命じます。そこで、伊右衛門らは考案の末、まず村の東側（現在の市場、東条）の湿地帯の川水や土砂を撤去し、そこに堤防を築き、さらに「田輪樋《たのわのひ》」という、長さ一二三間（約二二〇メートル）余りの隧道《ずいどう》を掘り抜いて悪水（下水）を抜くことにより、耕作不可能となっていた土地を耕作地としました。

一方、村の西側低地部の湿地帯の北側にも堤を築いたことにより、「新町《しんまち》」という町家街が誕生し、商業地となりました。さらに摂津守は、新町裏の堤を船着場として、大和川に剣先船《けんざきぶね》、通称「国分船《こくぶぶね》」を寛永一六（一六三九）年から三五艘、大坂と国分間を運行させることにしました。この国分船の舟運により、また大和と大坂とを結ぶ奈良街道の宿場として、水路陸路の要衝地となり、国分村が大いに繁栄する基礎が築かれたのです。

摂津守は、慶安二（一六四九）年には、体調を崩し大坂城詰めの役目を免じられ、越後三条へ帰り、その後三河刈谷《みかわかりや》城へ転封、同時に役扶持であった一万石もなくしました。そして、承応三（一六五四）年一月八日、七一年の生涯を終えたのです。その重綱の旧恩に報いるためにと、国分村の船持仲間が、重綱没後百年目の宝暦三（一七五三）年に慰霊塔を建立したのでした。

稲垣摂津守の慰霊塔は、中国の禹王の名をいただき、「小」を冠して「小禹廟」と呼称され、今も河内国分にのこっています。

（桝谷政則）

平成の禹王　長松の屋台

姫路市の南西部にある長松町は、西側を流れる西汐入川《にししおいりがわ》の左岸側に沿った南北に長い町です。遠い昔、播磨灘の海岸線は、朝日山や京見山の麓まで入りこんでいて、長松のあたりは海原でした。時代が進むにつれて海面の低下と揖保川や大津茂川による土砂の堆積と波浪による砂堆《さたい》によって、陸地が南へと拡大してきました。

姫路市南部では東の白浜から長松へと東西に砂堆列が続き、長松・天満《てんま》（姫路市大津区）の砂堆列は第一、第二、第三砂堆列と三筋走っており、第三列の長松・村屋敷から天満・州崎に通じる長洲の上に現在の集落が形成されています。長松・天満の人々は、この砂堆列を堤防や住居に利用、広大な土地を開拓して農業を営んできました。

開拓の歴史は太古にさかのぼりますが、土地が低く、水源に乏しく塩害を受けやすい所で農業を営むのは、並大抵のことではありません。揖保《いぼ》郡太子町《たいしちょう》原の福井大池は、古くから長松・天満をはじめとする地域の水源となっています。川のない長松にとっては「命の綱」であり、農業を支える貴重な用水源でした。そのため隣村同士で水紛争なども起きています。旱《かん》ばつになれば、遠く西方を流れる揖保川の水利組合から水をもらうこともありました（享保一〇年「岩見水貫入用覚帳」）。

　一方、「西汐入川」の名が示すように海水の影響を受けるため、塩害防止の対策もしなければなりませんでした。西汐入川が長松集落（第三砂堆列）と交差するあたりに西汐入川潮止《しおどめ》水門がありますが、昭和五〇年代頃まで江戸期の樋門（長松の人たちは「ノンピ」と呼ぶ）が使われ、「樋守《といもり》」という任務を持った人が樋門の開閉を行っていました。現在の水門は機械化されていますが、江戸期のものはすべて人力だったため大変な重労働だったといいます。

　農業を主産業とする長松の人々にとって、作物の収穫に大きな影響を与える洪水や旱ばつなどの災害や環境の変化が大きな懸念だったことは言うまでもありません。そこで、苦労して育て上げた金色の稲穂の刈り取りが終わると、人々は豊作を神に感謝するのです。長松では金銀に輝く神輿《みこし》型の屋台（通称「ヤッタイ」）を氏神である魚吹《うすき》八幡神社の秋季例大祭（一〇月二一・二二日）に練り入れ、祝います。

表１　長松・天満の災害の記録

1882年（明治15年）	大洪水（台風・津波）
1891年（明治24年）	大洪水
1892年（明治25年）	大洪水
1893年（明治26年）	大旱ばつ
1912年（大正元年）	旱ばつ
1921年（大正10年）	旱ばつ
1922年（大正11年）	旱ばつ
1923年（大正12年）	旱ばつ
1924年（大正13年）	旱ばつ

（『天満村史』より作成）

屋台

長松の屋台は「神輿屋根型屋台」といわれるもので、泥台（屋台の足の部分で台場ともいう）からてっぺんの擬宝珠《ぎぼし》まで入れると高さが約四・一メートル、幅は脇棒外面まで二・二メートル、全長は八・五メートルにおよぶもので、神輿風の漆屋根をもっています。金銀の金具で飾りつけられた総《そう》才端《さいばな》（屋根の隅に取り付ける飾り。水押＝船首先端の水を切る部材のことで「水押端」ともいう）や水切り（屋根下方水平部分、幅約六尺）、水引幕、隅絞りのほか、露盤《ろばん》や狭間には彫刻が施されるなど、絢爛《けんらん》豪華な造りとなっています。

屋台の彫刻や飾りには「五穀豊穣」「子孫繁栄」「無病息災」「安全祈願」などを願って、七福神（長松の屋台は八福神）や龍、亀、武者ものが刻まれています。龍や亀は水に関係があります。また、屋根は船を逆さにした形と同じであり、「水切り」とあるのもそこからきています。

現在の長松の屋台は四代目で二〇一〇（平成二二）年に新調されました。特筆すべきは、この屋台の露盤（D-14）に禹帝が彫刻されていることです。ちなみに初代屋台の露盤には亀が彫刻されていたそうですが、平成のいまなぜ禹帝なのでしょうか。露盤の四面は「夏国の禹帝」「黄河の河川工事をする農民」「黄龍の頭部」「黄龍の尾部」で構成されています。この意匠を選んだ岩田自治会長は、自身が中国をたびたび訪れるなかで禹帝に出会ったといいます。禹帝が行ってきた治水・利水の精神は、水を大切にし、また水害にもあってきた長松の歴史から現代まで通じるものです。

江戸中期頃から内陸の農村として生活を営んできた長松・天満地域でしたが、一九三九（昭和一四）年に日本製鐵（現・新日鐵住金）が広畑製鉄所を設置したのをきっかけに宅地と化し、今その面影を見ることはできません。二〇一一年三月一一日に発生した東北地震と大津波による甚大な被害や毎年のように発生する洪水被害を目の当たりにした今、よりいっそう、先人の培《つちか》ってきた伝統文化を尊び、安全・安心な国土の構築、民生安定を願う気持ちを伝えています。

（諸留幸弘）

甦《よみがえ》った大禹謨碑《だいうぼ》

現在、高松市の栗林《りつりん》公園内の商工奨励館中庭に鎮座している大禹謨碑（E‐03）は、もとはそこから南へ約七キロ、現在の高松市香川町大野の善海付近の香東川河《こうとうがわ》畔に建てられていたと考えられます。そのことはいつのまにか忘却されていましたが、大正時代になって川底から拾い上げられ、五〇年前まで近くの薬師堂横に安置されていました。

大禹謨碑の建立

この大禹謨碑は、藤堂藩の家臣である西嶋八兵衛の手によって、寛永一四（一六三七）年頃に建てられました。伊勢伊賀藩主藤堂高虎が、讃岐生駒藩主生駒高俊の外祖父であったことから、高虎の家臣であった西嶋八兵衛は、元和七（一六二一）年から寛永一七（一六四〇）年の間に讃岐の国を四度訪れ、満濃池《まんのういけ》の修築をはじめ、約九〇のため池を造成し、香東川の流れを西側一本にして、高松の街の発展や新田開発に力を尽くし、石高の増産に大いに貢献しました。西嶋八兵衛が香東川を一本化した後も、延宝八（一六八〇）年とその翌年、そして元禄五（一六九二）年の大洪水で田畑が流出したといわれます。享保一五（一七三〇）年にはこの地の田畑の大半が流され、洪水の余流は高松城下にまで及んだそうです。天明七（一七八七）年には、善海《ぜんかい》あたりの堤が八九分通り決壊、その後も弘化四（一八四七）年、慶応二（一八六六）年と台風のため、大きな被害を受けたという記録が残っています。

また近年の研究によると、この付近では川底が上昇している関係で氾濫が起きやすく、河道が分岐しやすい状況が見られるとか、河道全体が西方向に振れるため、東側である善海地域が大出水時の攻撃斜面に当たり、堤防が決壊しやすいといわれています。

さて、西嶋八兵衛が江戸時代の初めに建てた大禹謨碑は、こうした度重なる香東川の氾濫で、しばらく歴史から姿を消すことになります。そしてこれが今日のように脚光を浴びるにいたるのは、二度の偶然の発見を待たなければなりません。

大禹謨碑の発見

最初の発見は一九一二（大正元）年です。九月の大洪水で堤防が決壊し、その復旧工事の際に、そこで働いていた川原栄吉、宮武彌八の二人が石に文字が刻まれていることに気づきました。墓石ではないかということで地元の人とも相談し、近くのお薬師さんの横に安置しました。しかし地元ではただ墓石であるとされて、そのまま年月が流れていきます。

一九四五（昭和二〇）年七月、高松空襲で焼け出された平田三郎は、高松の町中から郊外の大野村善海へ疎開していました。そこへ娘婿の多田英弘が来訪、二人で近くの松林を散歩していた折り、石を蹴りながら歩いていた多田が何か文字が書いてある石に出合いました。その時は「大禹謨」の「大」の字の「一」が見えるぐらいでしたが、多田は、これは何か特別な石ではないかと感じ、下の畑を歩いていた平田を呼びました。二人とも足で掘りましたがなかなか掘れず、その日は「禹」の文字がわずかに見えるまでしか掘り起こせなかったそうです。その後平田は妻のヤスといっしょに掘り上げたようですが、その時の様子を述懐した一文が残っているので紹介します。

発見当時の模様は昭和二〇年、この付近に疎開していたある日、路傍に墓様の高さ二尺、幅一尺の自然石の小碑が、倒れて半ばうずまっているのを見つけた。早速掘り起こしてみると、正面に「大禹謨」とのみ筆太に古めかしく彫ってあるが、どうも墓ではあるまいと直感した。そのとき、ふと書経の篇名に「大禹謨」とあることを思い出した。離村後も機会あるごとに調査していたところ、それより数年前、川ぶしん中、地先の川底から拾い上げたお墓だという老人と証言者がようやく三年ほど前にあらわれた。いうまでもなく、この篇は、中国治水の大功労者禹王の言行を記したものである。察するに、この川の切り替工事の奉行西島八兵衛翁が記念のため、いや護符として工事口付近に建てておいたものが、風雨三百年の後、岸がくずれて下流に残存していたものとかりそめならず思うのである。（『一宮村史』「村歴史編さん委員平田三郎先生と遺稿」より）

平田三郎が、この三文字は『書経』にある言葉だ、西嶋八兵衛の筆によるものではないかと思いいたったのは、代々寺子屋の家柄で漢学の素養があったこと、かつて高松市史の編集委員だったこと、郷土史研究者として掃苔法《そうたいほう》（墓誌銘に書かれている文字を一つ一つ丁寧に読み解く）を会得していたことによるものと思われます。鑑定のために西嶋が余生を送った伊賀上野へ写真を送り図書館長山本茂貴から「西嶋翁の筆跡に似ている」との返事はもらったものの、平田は一九五六（昭和三一）年四月一八日に亡くなります。しかしその後妻のヤスが、親友で郷土史家の福家惣衛にその後の研究を託し、福家は一九五八（昭和三三）年、雑誌『新香川』一月号に「治水の神を祭る民俗」と題して、平田三郎の名前も入れて発表します。大禹謨がその価値とともに世に出た瞬間です。

その後、加藤増夫が『高松地名史話』に文章を発表、さらにその二つの文章を読んだ、当時の栗林公園観光事務所長であった藤田勝重が大禹謨碑を探し当て、伊賀まで行って西嶋八兵衛の真筆であることを確かめ、栗林公園に遷移を提案、一九六二（昭和三七）年に遷移式を行って安置することになり、現在にいたっています。

近年、禹王碑が日本各地で確認されるにともなって、高松でも西嶋八兵衛を顕彰し、大禹謨碑の価値を後世に伝えようとする機運が高まりつつあります。

（北原峰樹）

広島の願いを込めた大禹謨碑

広島市の大禹謨碑《だいうぼ》（E-04）は、太田川の河川公園にあります。太田川は流域面積一六九〇平方キロメートル、国内第三九位の規模の一級河川です。水源は広島県第一の高さ（海抜一三三九メートル）の冠山《かんむりやま》で、途中、柴木川、筒賀川、滝山川、水内川、さらに中流域の可部付近で三篠川、根ノ谷川ほか多くの支流と合流し広島平野を南西に流れます。安川と合流した後は広島旧市街地を流れ、瀬戸内海の中央部広島湾に流入します。太田川本流を含め七河川が流れる広島は、近世から近代にかけて「七つの川の街」とされてきました。しかし、太平洋戦争末期に投下された原子爆弾による壊滅後の復興事業のなかで、一九三二（昭和七）年以来の計画に沿って旧市街の西部に二つの分流を合同拡張した太田川放水路が建設され、旧市街を流れる川は六つとなりました。

近世の太田川

近世前期まで、太田川本流は現在の高瀬堰のあたりから西側に曲流していました。それが現在の流路となったのは慶長一二（一六〇七）年の洪水による本流の変化の結果だといわれています。大禹謨碑のすぐ北には、阿武山から東へ突出する丘陵があり、ここに香川氏の居城址があったため城山《じょうやま》と呼ばれています。香川氏は、この居城を拠点として一六世紀の末年までこの地を治めたのです。

城山の北側は区画整理がされ都市化がすすんでいますが、かつて当地を流れていた太田川にかかわる貴重な伝承があります。「太田川のローレライ」ともいえるお話を紹介しましょう。

城山の東端ちかく、大河の渦巻く急流の只中に巨岩が頭を出していて、川下りの船頭の邪魔になり、とりわけ夜は大きな障碍《しょうがい》として恐れられてきた。しかも舟がここにさしかかると岩の上に美女が現れ、「カラカラ」と笑いながら踊るのだとか。船頭たちは目が眩み、岩に衝突して転覆の憂き目に遭っていた。

実はこの女は古狐が化けたもので、時の八木城主香川左衛門光景の家臣香川勝雄に退治されたと伝わっています。以後、この岩は「狐岩」と呼ばれていましたが、太田川の変遷にともない陸の岩となり、一九七四（昭和四九）年の区画整理によって現在の八木小学校校庭に移されるまで、地中から一メートルほど頭を覗かせてるのみとなっていました。

広島藩は、太田川の洪水対策に種々の工夫を凝らしてきました。例えば、河川沿いの村々を組み分けして、組ごとに川床を掘り下げる「川掘り」の労役を課したり、堤防や橋を守るために、それまで黙認されてきた領民の慣行を制限したりしました。寛永五（一六二八）年には「鉄穴《かんな》流し」（川砂を流して砂鉄を採ること）や「かくれ掘り」（松根を掘って灯火に利用すること）が禁止されました。

いっぽう寛永一二（一六三五）年の大洪水時には、流木を自由にとることを許可しています。また広島城下では、出水時、堤防の防護にあたる「水丁場《すいちょうば》」への出仕《しゅっし》が家臣の者に命じられました。これは軍役に準じるものでした。城下の白島《はくしま》におかれた材木置き場の水深が一丈二尺（約三・六メートル）を越えた時、所定の水丁場へ出動します。出仕は、町役人にも同様に割り当てられ、町人、農民らとともに堤防の防護、ひいては城郭の保護にあたったのです。

太田川の大改造と大禹謨碑

一九一九（大正八）年の大洪水で太田川は、大きな転機を迎えます。この洪水により、流域の町村および広島市は多大な被害を受け、改修に向けて大きな運動が盛り上がったのです。その結果、太田川の改修が二〇年間の継続事業として実施されることが決定しました。基礎調査ののち、一九三二（昭和七）年から翌年まで内務省直轄事業として測量と洪水時の放水路整備を中核とする工事計画が進められました。しかし、太平洋戦争の進展により終戦まで中断されることになります。その間、一九四三（昭和一八）年と四五（昭和二〇）年と二度の大洪水に襲われたことは、今も人びとの記憶に残っています。

戦後、工事は国の事業として再開され、幾多の困難をこえ一九六七（昭和四二）年に太田川放水路が完成しました。一九六九（昭和四四）年には古川（旧太田川）の締切り工事が行われ、その後、古川締切りにともなう本川の流量増加に対処するため高瀬堰《たかせぜき》（一九七五年完成）の改修工事も始まります。このとき高瀬堰のある旧佐東町《さとうちょう》（一九七三年に広島市と合併）では、地域ならびに住民の協力があったといいます。

一九七二（昭和四七）年に、当時の佐東町は締切り工事完成を記念して、洪水からの解放への感謝を込めた記念碑「大禹謨」を建立し、同年七月五日に盛大な序幕式が行われました。場所は高瀬堰の西側の堤防広場にある河川公園の広い敷地の中です。「大禹謨」は、古代中国・夏の国の禹王が黄河の水を治めた遠大な計画にあやかり『書経』より引用したもので、当時の佐東町長、池田早人の撰文と揮毫《きごう》によるものです。

現在、河川公園では地域団体が「せせらぎの夕べ」「春こいまつり」などの行事を毎年行っているほか、ＮＰＯ佐東地区まちづくり協議会や地元町内会などにより、大禹謨碑の顕彰・保存活動を、永久的なまちづくりの一環として位置づけていく努力が始められています。

（福谷昭二）

禹《う》稷《しょく》合《ごう》祀《し》の壇と不《ふ》欠《かん》塚《づか》

臼杵《うすき》市は、東九州南東海岸の地形が複雑に入り組んだリアス海岸が広がる臼杵湾の最深部に位置し、熊崎川・末広川・臼杵川の三河川が湾に注いでいます。平野部が少なく、三河川の中流域にわずかに水田の可耕地があります。その中でも臼杵川の河口から約四キロ遡った中流域に当たる野田・前田・望月・家野《いえの》といった地域には他の河川流域に比べてやや広い水田可耕地があります。これらの土地が望める臼杵川左岸の家野台地北東先端部の松ケ鼻《まつがはな》に禹稷合祀の壇が設けられ、二つの石碑が建てられています。禹稷合祀の壇への本来の参詣道は、台地の東側に造られており、その参詣道の入口部分に「禹稷合祀碑記」（F-03）が、さらに壇の北東隅に「大禹后稷合祀石碑《たいうこうしょく》」（F-02）がそれぞれ建てられているのです。

禹稷合祀の壇が築かれている家野台地の東側を北流する臼杵川右岸の望月側は、大雨のたびに洪水を引き起こし、堤の決壊を招くなど、水田耕作に携わる農民を悩ましていました。一八世紀の初め頃、いつも大雨のたびに洪水を引き起こす川の状況を観察していた望月村の疋田不欠《ひきたふかん》という人物が、川の流れに逆らわず、巧く流れを和らげる工夫をした堤を、地域の農民の力を借りて享保五

（一七二〇）年に築いています。その功績を称え天保九（一八三八）年に上望月村の人々が建立したのが不欠塚（F-04）です。

享保一四（一七二九）年から元文年間まで、度重なる大風雨による洪水や疫病、さらに享保一七（一七三二）年にはイナゴの被害によって、穀物の減収が続いた臼杵藩では、川が大雨にも溢れず順調に流れ、五穀豊穣となることを祈るために、家野の松ケ鼻に古代中国の禹が洪水を治めて民を救い、后稷が農業を教えた、という故事にちなみ、元文五年（一七四〇）に禹と稷の二神を祀る禹稷合祀の壇を築き、お祀りをしています。

建立の背景

享保一四年以降、藩内では度重なる洪水やイナゴの被害を受けたため、農民の心は打ちひしがれ、毎日不安を抱えての生活を送っていました。当時の郡《こおり》奉行であった吉田正賢《よしだまさかた》は、この窮状を見て憂い、何とか農民を救うことはできないものかと考えました。その時、洪水を治めて民を救った禹と農作物の作り方を教えた稷の故事を想い、禹稷合祀の廟《びょう》を建設し、臼杵川の静穏と農作物の豊穣を祈るべきであると建議し、同意を得ました。廟の建設にあたり、藩の儒学者であった荘田子《しょうだし》謙《けん》に意見を求めています。子謙は「廟所は、景観に優れ、石の崖《がけ》がある荒田村周辺が適地であり、永久に変わらないように石で造り、また、崖を穿《うが》って石窟《せっくつ》とし、中に御神体として石を二基立て、右方を大禹之神、左方を后稷之神と彫るようにすること、さらに参道の側に神道の碑を建てるように」と進言しています。

廟建立の場所は、家野村の松ケ鼻に決まりましたが、苦しい藩財政のなか、計画通りの着手は難しく、計画は一部変更となりました。廟は建物を設けず、三方（東・南・北）に凝灰岩の切石を三段に積み上げた一辺八メートル強の基壇を造り、東側に四段の石段を設け正面としています。さらに基壇のほぼ中心に上辺（一辺一・九〇メートル）と下辺（一辺三・八〇メートル）に凝灰岩の切石を配した高さ九五センチの方壇を造り、壇四面の中央に石段を設けています。この基壇の北東隅に緑泥片岩製の大禹后稷合祀石碑（壇碑）が、さらにこの基壇の東側に設けられている参道を南に一〇〇メートルほど下った位置に凝灰岩製の禹稷合祀碑記（神道碑）を建てています。

二つの石碑の銘は、子謙の師で江戸の儒学者であり漢詩人でもあった服部南郭《はっとりなんかく》に付けてもらい、碑文は子謙が作り、文字は子謙と同じく南郭の弟子であった書家の松下烏石《うせき》（君嶽《きみがく》）に書いてもらいました。石碑の文字は、城下の田町に居住していた泉州波有手《ぼうで》村（現大阪府阪南市）出身の石工幸左衛門が彫っています。

祭　礼

臼杵の藩政史料である「稲葉家譜《いなばかふ》」の元文五年の条《くだり》に、この禹稷合祀の壇を造って以降は、春祭を三月一五日、秋祭を九月一五日に、家野村、野村、掻懐《かきだき》村の庄屋が毎年交替で祭礼を司るようにと記されています。

合祀の壇での神事

現在でも、この祭礼の秋祭だけが「禹王塔の祭典並びに奉納相撲大会」と称して、家野・野村を含む下南《しもみなみ》地域で続けられています。当初は、毎年、九月一五日が祭礼日でしたが、一五日が休日に当たるとは限らず、また、非農家で平日は勤めに出ている人が多くなったので、今は、毎年九月の第二日曜日を祭礼日と決め、午前九時頃から合祀の壇で神事、三輪《みわ》流臼杵神楽の奉納、そして下南地域の子供たちによる奉納相撲が催されています。

江戸時代、農業に携わっていた人々が、水に対する畏怖の念と土地に恵みを与えてくれることへの感謝の心を込めて、禹と稷へ祈りを捧げる儀式であったものが、今では大変珍しい地域固有の伝統文化、行事として広く継承されています。

（菊田　徹）

沖縄戦の傷跡を残す宇平橋《うふぃばし》

一九八六（昭和六二）年、宇平橋碑（F‐07）は地域住民の証言をもとに、碑文がほぼ完全なかたちで発掘されました（『沖縄タイムス』昭和六二年五月二九日付）。約三百年前の王朝時代（一六九〇年）のもので大変貴重な遺産であり、地元南風原町《はえばるちょう》教育委員会も「歴史的資料」として保存していくと発表しました。現在、南風原文化センターがこの碑を保存しています。そして、碑のレプリカが、沖縄県営鉄道糸満線山川駅があった辺りに設置されています。山川駅は、山川集落の入口あたりの宇平橋（通称山川橋）のたもとにあったということです。

宇平橋は、二級河川国場川水系長堂川《ちょうどうがわ》に架かっています。長堂川は、国場川から分かれた川で、豊見城市長堂を通り、南風原町山川集落まで伸びる、全長一五〇〇メートルの川です。欄干には鮮やかに描かれた南風原町の特産品「琉球かすり」のレリーフがつけられています。

では、遺産としての宇平橋碑について探ってみましょう。宇平橋は、一六九〇（康熙二九）年、第二尚氏王朝第一一代王「尚貞《しょうてい》」（在位一六六九〜一七〇九）の時代に建設されました。それを記念して建立されたのが宇平橋碑です。石碑本体の表面には戦車のキャタピラの傷跡があり、第二次世界大戦の沖縄戦のすさまじさが伝わってきます。

碑文によれば、元来宇平橋は板橋でしたが、風雨や虫食いなどにより壊れることが多く、住民の移動がままならなかった様子がわかります。特に、南部地方の人々が首里王都に行くには、この宇平橋を渡らなければならなかったので、ひとたび橋が壊れると、人々の苦労ははかり知れないものでした。そこで時の王尚貞は石橋の建設を考えました。臣民のため、国のために石橋建設を行ったのです。完成当時の人々の喜びが生き生きと刻まれています。夏《か》の初代帝王・禹が行ったような治水事業を思い立ち、橋の建設を行った王尚貞を「大禹治水之功」と称えているのです。

一六九〇年というと、日本では元禄三年、徳川綱吉の時代です。琉球は、薩摩《さつま》の侵略を受けて以来「王国」でありながら、幕藩体制に組みこまれていました。琉球王国として、明（中国）との進貢貿易を盛んに行う一方で、薩摩の属領として「上国」や「江戸登り」が義務づけられていました。経済的にも精神的にも疲弊しきっていた琉球王国の立て直しに力を尽した政治家・羽地朝秀《はねじちょうしゅう》が出現した時代です。朝秀は宇平橋を建立した十一代王尚貞の摂政としても活躍していますから、当時の琉球は王国として安定していた時代だったといえるでしょう。碑文に、「国相」や「法司」の名前が刻まれていることからも、王府の行政組織が確立していたことが分かります。

また、この碑文が通事（通訳）によって漢文で書かれていることも興味深いところです。一五、一六世紀以前の古文書や石碑の碑文では、漢字ひらがな交じり文が用いられています。一七世紀当時、話し言葉は、日本語、候文《そうろう》の口語体に近い琉球語（琉球方言）が用いられていました。

文字は、一七世紀以降は、首里王府内の公文書（評定所文書）や薩摩など日本との外交文書では和文（候文）が、中国との交易開始後には、家譜や中国との外交文書では漢文が主に用いられていました。琉球は日本や薩摩に対するときの属国としての顔と、中国に対するときは王国としての顔を併せ持ちながら、言語も使い分けていたのです。

そうした時代背景を念頭におきながら、中国文化や禹王の思想や業績が、琉球にどのように伝わってきたのかを考えてみましょう。琉球と中国（明）との進貢貿易の始まりは、三山《さんざん》分立時代の一四世紀のことです。中山《ちゅうざん》王となった察度《さっと》により、初めて留学生が中国に送られ、貿易だけではなく文化面の交流もありました。それ以後、貿易はどんどん盛んになり、焼き物や絹織物、鉄器や銅器などの他に、書籍も輸入しました。ですから、夏王朝や禹王伝説などは進貢貿易により、一四世紀から一五世紀には直接中国から伝わっていたと思われます。宇平橋碑は通事である国吉が記すとあります。また、漢文で書かれていること、「大禹治水之功」と刻んでいることを重ね合わせると、彼は中国に通事として入り、直接禹王伝説に触れたのかもしれません。留学生として中国に学んだのち、通事となった可能性もあります。

宇平橋碑の存在は、中国との交流だけでなく、琉球王国、とりわけ第二尚氏王朝の盛衰と苦悩、さらには沖縄戦のすさまじさを語る重要な文化遺産といえるでしょう。

（大井みち）

第4章

禹王のいるところ

――日本・台湾・朝鮮半島における禹王遺跡――

植村善博

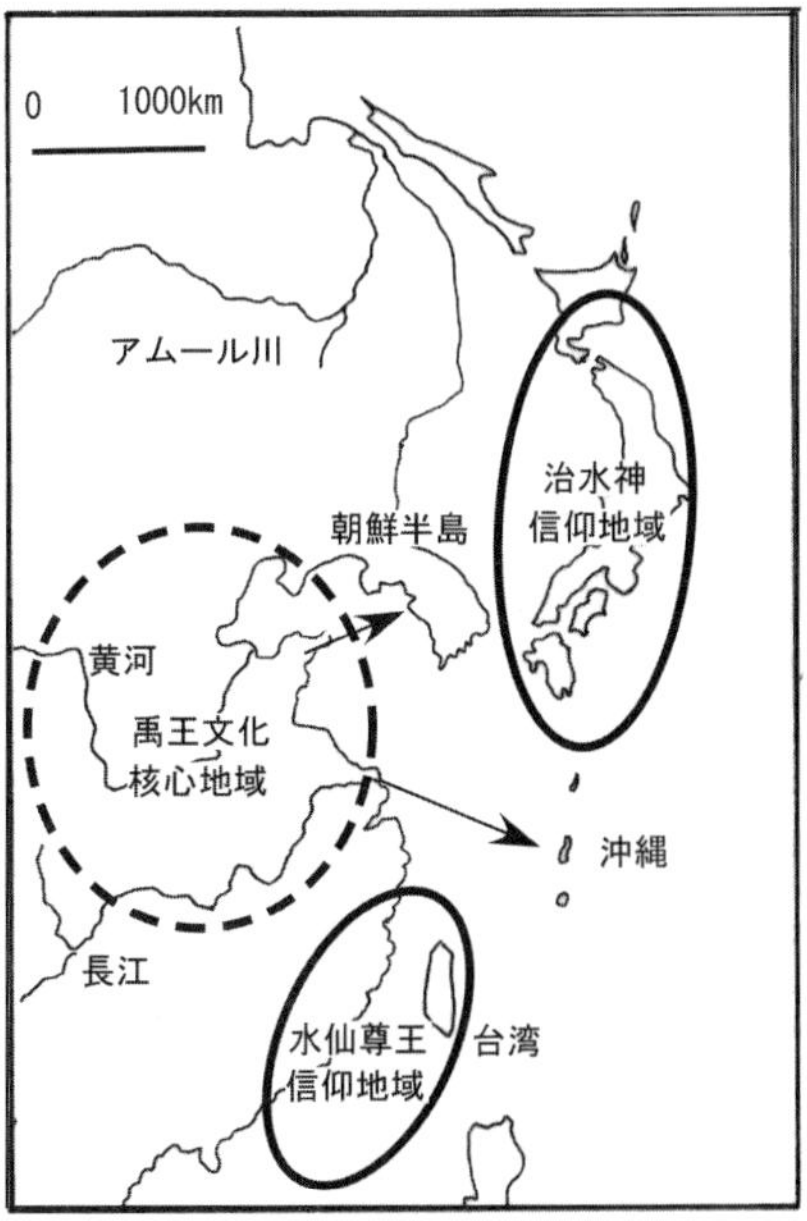

図1　東アジアの禹王文化と信仰圏

神奈川県酒匂川《さかわがわ》から始まった禹王の探求は日本各地に中国古代夏王朝の禹王に関わる遺跡の存在を明らかにしました。禹を祀る廟や神像、禹の名を刻んだ石碑や墓碑などをここでは禹王遺跡と呼びます。現在までに五七件が確認できます。これには禹についての書籍、詩文や小説類、地名などは含みません。二〇一〇年末の一八件から遺跡数は三倍に増え、今後も新発見が期待できます。ここでは、日本における禹王遺跡の特色について考えてみます。つぎに、黄河を発祥地とする治水神としての禹王信仰が台湾や韓国に存在するのかどうかを検討します。

日本の禹王遺跡の特徴

(1) 形態　①禹の彫像や肖像画が七件、②禹を祀る廟や宮、祭壇、禹名を刻む碑が一六件、③禹名を含む碑文や物品が三四件あります。地名や寺号の四件は成立年代が不明のため除外しました。

(2) 分布　北は北海道千歳市から南は沖縄県南風原町まで分布します。遺跡の四九件（七八％）が本州に分布し、関東地方二六％、中部地方二八％、近畿地方二四％とほぼ同じ割合で分布していま す（図2）。とくに、関東平野と利根川水系、濃尾平野の木曽三川、大阪平野と京都盆地の淀川水系という大河の流域に集中しているのです。これらは、水害の多発地域であって古くから治水事業が行われており、下流部に大都市が発達している点で共通します。

(3) 建設年代　江戸期以前の二九件と明治期以後の二八件と同数です。最古のものは安貞二（一二二八）年建立の伝承をもつ京都鴨川の禹廟で、確実な記録では長享二（一四八八）年の五条大橋下の夏禹

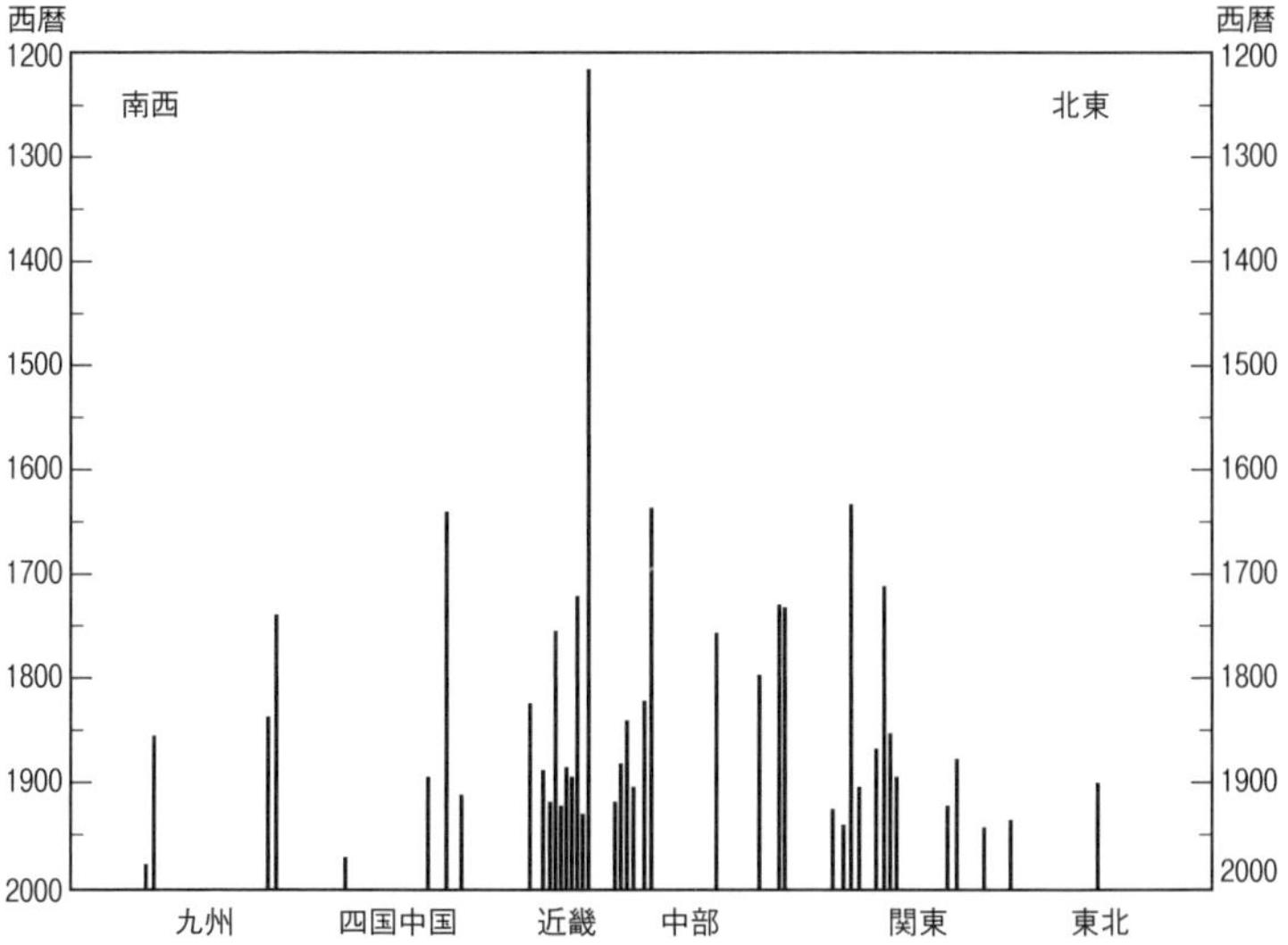

図2　禹王遺跡の分布と年代
（縦軸は西暦、横軸は日本列島の長軸に投影したもの）

廟となります。京都以外に中世以前の禹王遺跡は存在しません。それから数百年以上後の江戸期から急に増加します。中国からの外来神禹王は伝統的な日本の水神である秋津姫、弁財天、水天宮などの中に新たに受容されていくのです。さらに、明治期の二〇件、昭和期の八件があり、江戸時代から連続的に作られてきています。

(4) 位置　最も多いのは①河岸や堤防、河川近接地の三三件で五七％を占め、ついで②神社や祠六件、③寺六件と同数、④墓地三件、⑤学堂や学校四件、⑥公園や道路脇三件などです。全時代を通して多くが堤防や河川近くに分布し、治水神や治水事業の英雄として定着しているようです。一方、江戸期には寺四件、神社二件、学堂二件ですが、明治以降は神社が四件と増え、寺は一件に減少、新たに公園二件が増えます。徳川幕府の文治政策の基本に置かれた儒学が明治期に衰退、明治政府が神道崇拝の政策を進めたためです。

(5) 禹の表記(呼名)　江戸期は、「禹」「大禹」が六件、「禹王」と「文命」各三件、「禹功」と「禹鑿」が各二件などですが、明治以降には「禹」六件、「大禹」四件と優勢ですが、「神禹」と「禹功」が五件あります。「文命」と「禹鑿《さく》」の表現は明治期にはなくなり、かわって神格化された「神禹」や「禹功」が好んで利用されています。

(6) 目的　治水一五件と河川工事の関連一六件を合わせて三一件あり五三%を占めています。ついで個人の顕彰が一七件と多く、儒学聖人四件、土地改良二件、その他三件となります。江戸期の治水目的は一五件あります。また、個人顕彰六件、儒学聖人四件とつづきます。これらには川村孫兵衛、河村瑞賢、田中丘隅《きゅうぐ》、角倉了以《すみのくらりょうい》、中村惣兵衛、島道悦、西嶋八兵衛など河川や土木事業に精通、貢献した人物が関わっています。明治以降には個人顕彰が一二件と最大を占め、河川工事関係の九件が続きます。治水は二件に激減、土地改良も二件あります。明治政府の河川行政と技術至上主義により治水神としては無視され、かわって政府による事業完成、官僚や名望家の業績を顕彰する碑文中に賞賛の比喩として登場するようになります。江戸期には水害多発地を中心に水害除去、治水や排水・利水工事の完成を記念する碑名として用いられたものが、明治以降は河川事業や官僚などの顕彰が中心となり、地域住民との関係は希薄になってしまいました。

台湾

⑴歴　史

台湾は先住民を除くと、一七世紀後半以降中国南部からの移民により開発された島です。明代末から清代にとくに盛んで、福建省から台湾海峡を渡ってきた人々が、大陸との貿易や商業、農業や漁業に従事するようになります。かれらは中国南部特有の閩南《びんなん》語や閩南文化を持ちこみ、福建人（泉州、漳州）、広東人（嘉応、潮州）、客家《はっか》人などが出身地ごとに郷土の神を祀り伝統的慣習を守って集住しました。大陸における政変や戦乱、共産主義の影響を受けなかったため、伝統的な文化や民俗が維持されている点で貴重です。

⑵水仙宮

水仙尊王を祀る水仙宮が全土に一七件分布しています（口絵23）水仙尊王とは禹王（帝）を主神とし、二王（項羽・奡王）、二太夫（李白・伍員・屈原など）など水に関わる五神から構成されています（口絵25）[1]。水仙宮には禹帝廟（金門島）や禹帝宮（台南塩行）もあります（口絵26）。また、媽祖《まそ》や観音などを主祀し副神として水仙尊王をおく廟や寺が一七件あり、その数はもっと多いでしょう[2]。水仙信仰は閩南文化特有のもので、水仙尊王は航海の安全、漁労、貿易の繁栄をつかさどる海洋神です。海峡を渡る移民船や貿易船がしばしば難破したため、媽祖とともに海洋と航海の神としてあつい信仰を受けてきました。島嶼と本島西部に分布が集中しており、島ではほとんどが漁業従事者によって建立されています。本島西部の水仙宮は新竹、笨南港、塩行、台南など大陸との貿易拠点として古くから繁栄した港湾に分布します。清代以前（一九一一年以前）の古い廟の七割が金門―澎湖―台南を結ぶ対岸交易のメインルートに分布している点も注目されます。川と関係する唯一の水仙宮が台中市に存在します。台中市街地を流れる柳川が一九五九年の大洪水で氾濫、その時河岸に流れついた禹王像を住民が祀ったのが台中水仙宮のはじまりです。都心ビル街の柳川河岸にガジュマルの大木に寄り添う小さな水仙宮が印象的です。

朝鮮半島

⑴禹王信仰　治水神として禹王信仰があった事実は確認できません。李氏朝鮮期は明や清に朝貢し中国文化の強い影響下にあり、儒教は国教とされました。水神に関する記述や儀式はありますが、禹王との関わりを示すものはないのです。その理由には、①儒教の導入が一五世紀以降と新しく、土着の水神信仰の中に定着できなかったこと、②禹姓をもつ人々がおり信仰対象とはなりにくかったことなどが考えられます。唯一、東海岸の三陟《サムチョク》市汀上洞六香山頂に禹篆閣《うてんかく》が存在します（口絵20）。ここには高さ一・四五メートル、幅〇・七八メートルの大韓平水土賛碑が安置されています。著名な政治家で学者でもあった許穆《きょぼく》（一五九五〜一六八二）が三陟府使在任中の一六六一（顕宗元）年、中国湖南省衡山の岣嶁《こうろう》碑七七文字から四八文字を選んで木版としました。一九〇四（光武八）年に高宗帝の命によりこれを石に刻んで建碑したものです。裏面には群馬県片品村の大禹皇帝碑（B-02）と極似する鳥虫篆《ちょうちゅうてん》書体の六行八四八文字が刻まれています（口絵22）。案内書には(3)王の政治を賞賛するものだと説明しており、治水とは関係しません。

(2) 禹地名と禹姓の本貫　禹を冠する地名八件の位置が確定できました。[4][5] 口絵18に示すように、山と川の自然地名が五件、集落（里）名が三件あり、漢江以北に多く分布しています。また、禹姓の先祖発祥地とされる本貫地七地区を口絵18に示します。[6] これらは咸興《ハムフン》付近から南西部と太白山脈南部洛東江中上流域の二地域に集中しています。この分布域の外縁に三つの禹里が位置しており、両者に強い関係があることが推定されます。

東アジアの禹王文化と信仰

夏禹の事蹟は文字のない時代に伝承として伝わり、後世の儒家や史家により英雄伝説や聖人訓として作り上げられたのです。秦の始皇帝は浙江省紹興市会稽山麓《かいけいさんれい》に禹碑を建て、孔子や孟子は禹王を聖人や治水成功者として賞賛しています。黄河・長江流域を禹王文化核心地域とよび、その東アジアへの伝播状況を本章扉図1に示します。隋・唐期に留学した日本人学者や僧は聖王、治水神として禹王に注目しその存在を広めました。また、日本最初の禹廟（D-01）が鴨川に建設される際には陰陽師《おんみょうじ》らの活躍が重要であったと考えられます。琉球王国には一七世紀に直接明からもちこまれました。朝鮮では一七世紀李朝期に岣嶁碑を模刻した石碑が唯一存在しますが、一般には普及しなかったようです。台湾では一七世紀後半以降、福建省からの移民によって閩南文化の特徴である水仙信仰がもちこまれ、海洋神として水仙尊王を祀る水仙宮が建てられました。航海、貿易、漁業に従事する人々の深く信仰するところとなり、治水神としての性質は失われてしまっています。

注

（1）仇徳哉『台湾之寺廟與神明（二）』台湾省文献委員会、一九八四年

（2）次の文献を中心に、調査により追加、修正を行いました。陳恵齢『南台湾水仙宮探求』台湾南部地方文化発展学術研討会、二〇〇二年

（3）三陟市『三陟旅行』二〇一二年

（4）『朝鮮後期地方図・解説・索引』ソウル大学校奎章閣、二〇〇二年

（5）『大東輿地図・索引』京城帝国大学法文学部、一九三六年

（6）『新増東国輿地勝覧索引』朝鮮総督府、一九三七年

第5章

中国からアジアへ

——日中韓の共有する信仰と文化——

王　敏

東アジア諸国は何千年もの交流の歴史において、数多の人の移動、それに伴う文化の移動によって、相互的な関係性と文化的共有性を形成してきました。

この章では、日本、中国、韓国における様々な文化的共有性を検討することによって、これら東アジア三ヶ国の差異への指摘のみが強調される傾向のなか、往々にして見過ごされがちな、三ヶ国の文化および生活体系における共有性と接点へ目を向けようと思います。

禹王信仰[1]

(1) 禹王in現代中国

禹王（名は、文命《ぶんめい》、大禹《たいう》、夏禹《かう》、戒禹《かいう》ともいう）は古代中国の伝説的な帝で、中国最古の王朝、夏王朝の創始者です。黄河の治水を行った業績から、「治水の神」としても知られており、中国の歴史上、中国社会を原始社会から封建制へと転換させた歴史の牽引者として位置づけられています。儒学の伝統においては、孔子は、理想の王として、孟子は仁徳者として、禹王をそれぞれ称えたことでも知られています。中国の教科書でも、禹王はもちろん取りあげられており、例えば、人民教育出版社から発行されている歴史教科書では、その治水の業績や中国史上における位置づけなどが紹介されており、江蘇教育出版社版の国語の教科書にも、禹王の治水を中心とした業績を紹介する文章や『史記』の禹王の部分が掲載されています。そのため、禹王信仰は中国全土に根づいており、各地に禹王の功績を顕彰するための禹王廟や禹王像など史跡が多数みられますが、それは中国のみならず、日本も同様といえます。

⑵ 禹王 in 現代日本

現在まで、日本各地で、禹王に由来する碑や史跡が六〇ヶ所近く発見されています。なかでも群馬県利根郡片品村の大禹皇帝碑（B‐02）は、中国の浙江省紹興市会稽山《かいけいざん》にある禹王陵の原碑（明代に建立。岣嶁《こうろう》碑とも呼ばれている）・禹王碑に酷似した大変珍しい物として知られています。また、京都御所の「御常御殿」中段の間には、幕末から明治初期に活躍した狩野派の系譜に属する日本画家鶴沢探真《つるざわたんしん》（一八三四〜一八九三）の筆による「大禹戒酒防微図《たいうかいしゅぼうびず》」（D‐02）という襖絵があります。国を乱すとして禹王が酒を禁止したという故事を題材にしており、このことからも、当時の京都の朝廷内において、禹王およびその事績が政治上の理想的な統治者のモデルとされていたことが分かります。

⑶ 禹王 in 現代韓国

韓国の禹王に関連する史跡としては、禹王の碑が江原道の六香山にあります。これは一六六二年、許穆《きょぼく》が中国の原碑の文字を書き写した「大韓平水土賛碑」と呼ばれているものです。また、韓国では『桓檀古記』などの偽書（『桓檀古記』は歴史学界では近年に創作されたものといわれている）による建国神話にまつわる諸説のなかで、禹王と思われる人物が登場しています。例えば、『桓檀古記』の「檀君世紀」には、「甲戌六十七年、帝、太子扶婁《ふる》を遣わし、塗山に虞司空と会せしむ。太子、五行治水の法を伝えて国界を勘定するに、幽営二州、我に属す」[2]とあり、禹王および古代中国史を少しでも知っているものであれば、ここで太子扶婁と会った「塗山」の「司空」（司空とは六官の一つで、治水や土木および四人の管理を司る）とは、塗山氏の娘を妻にもち、帝舜に司空に任ぜられた禹王のことだと推測できるでしょう。また、扶婁が伝えた五行治水の法とは「治水の神」である禹王によって教授されたものであると考えられるでしょう。
このように治水の象徴としての禹王は東アジア三ヶ国に共通する信仰の対象として、現在も様々な局面で生きつづけているのです。

神農《しんのう》信仰

禹王と同じく農業神、本草《ほんぞう》医学の神・薬祖神などの信仰の対象として神農があります。とくに、中国の民衆生活のなかでは農業神として永く信仰の対象とされてきました。

韓国でも、神農は農業神、薬祖神として信仰されています。また、韓国に多い「姜《きょう》」という姓は神農に由来する可能性があるのです。島村修治氏の『世界の姓名』（一九七七）によると、姜姓は中国で最も古く有力な姓の一つで、「祖先は有益な薬草を調べ、農耕を庶民に教えた神農、あるいは漢民族の祖と言われる黄帝と争って敗れた、非漢民族代表者の炎帝」といいます。そして発祥地は西北方の天山北路、チベット系の羌《きょう》族であったといわれています。(3)

日本では東京の湯島聖堂(4)に神農像が鎮座しており、三代将軍家光の発願により製作され、五代将軍綱吉によって創設された神農廟に移されたといわれています。一九五三年以来毎年一一月二三日に、湯島聖堂では「神農祭」が行われているのは有名です。

大阪の「神農祭」は、文政五（一八二二）年、コレラが大流行した際、道修町《どしょうまち》で薬種問屋が丸薬を作り、張り子の虎を神前に供え、疫病祈願を行ったことが始まりといわれます。これは大阪市の無形文化財（民俗行事）に指定されており、神農は農業神としてではなく、薬祖神として大阪の庶民の間で親しまれているのです。神農祭の主催は大阪市中央区にある少彦名命《すくなひこなのみこと》神社ですが、堺市に薬祖《やくそ》神社という菅原神社の摂社があり、少彦名命とともに神農を薬祖神として祀っています。大阪における神農信仰の根強さが分かるとともに、日本と中国の神を同時に祀るという日本の神道の事例としても興味深いものです。

蚕神《かいこがみ》の信仰

養蚕《ようさん》の起源は古代中国であり、現在でも絹生産と販売の拠点である江蘇省呉江県に、一八四〇年に絹商人が建立した蚕神を祀る廟が現存するなど、民間を中心に信仰を集めています。養蚕の起源について、宋朝（九六〇－一二七九）の時代の『路史・后記五』では黄帝の妃西陵氏（縲祖《れいそ》という）が養蚕を始め、民に養蚕の技術を教え、蚕糸から服を作り始めたと述べられ、後世の人は彼女を「先蚕」として祀っているそうです。(5)

「先蚕」である縲祖の信仰は韓国にも広まっており、高麗から朝鮮の歴代王朝においては、高麗時代は「先蚕祭」、その後は「親蚕礼《チンジャムネ》」と呼ばれる儀式が行われていました。これは縲祖による養蚕の開始を称えるための儀式であり、女性が唯一主管として執り行う儀式でした。

中韓の事例から分かるように、蚕信仰はつねに「女」と関わっています。「男耕し、女機織り」という東アジアの農耕社会における伝統的生活パターンの存在が推定されます。他に七夕の物語にもみられるように、古来からこのような男耕女織《だんこうじょしょく》の生活パターンが、東アジアにおいては、性の違いや特性を生かした生活様式として定着してきたのです。それに関連して興味深いのは、日本の皇室行事において、天皇の「お田植え」、皇后の「ご養蚕」が受け継がれてきたことです。「お田植え」は、農業奨励のために一九二七（昭和二）年に、「ご養蚕」は養蚕に熱心であった貞明皇后（大正天皇の皇后）によって、一九一四（大正三）に、それぞれ開始されたものだといわれています。古代史家の故井上薫氏によると、「遡れば、この儀式は、藤原仲麻呂のイニシアティブによって、奈良時代にも一時期行なわれており、それは元々中国古代の周王朝の例に倣ったものだ」といいます(6)。

ここまで、東アジア三カ国が文化的共有性をもつことを述べてきました。生活化された慣習、風俗、行事、信仰を踏まえたうえで考察する視点から、東アジアを新たに見直して、再認識、再定義を試みようというものです。東アジアに関して、政治や経済についての過激で対立的な議論のみが強調され、社会文化や生活形態のレベルについての議論が置き去りにされている感があります。しかし、歴史文化や生活のレベルで東アジアを見直すことにより、過去・現在・未来において、国境や民族の違いを超えた民衆間の生活をベースにした交流が明確になり、人を主体とする人間の絆を再認識することができるのではないでしょうか。日本における禹王の役割への調査を通して、古典的東アジア文化圏の存在が確認されてきました。それは平和につながる基盤であり、共通の幸福を求めていく通路でもあると改めて認識させてくれました。

注

（1）王　敏「日中韓の歴史的文化的共有性――東アジア文化圏の接点」（『国際日本学研究叢書18　相互探求としての国際日本学研究――日中韓文化の諸相』法政大学国際日本学研究センター、二〇一三年）を参照されたい。

（2）『桓檀古記』（鹿島昇訳）新国民社、一九八二年、八四―八五頁。

（3）白川静「神農」『世界大百科事典』平凡社、一九八八年。

（4）湯島聖堂のホームページ参照（http://www.seido.or.jp/cl02/detail-10.html）。

（5）「おしら様」伝説と「馬頭娘」伝説に関しては、王敏『鏡の国としての日本』（勉誠出版、二〇一一年）において論じている。

（6）「歴史万華鏡　お田植え　ご養蚕　ルーツは古代中国の帝王儀礼」『毎日新聞』一九九四年六月一七日付夕刊。

あとがき

本書は日本における禹王遺跡および治水神としての禹王信仰にかんする最初の集大成です。神奈川県酒匂川の文命碑と文命宮から始まった禹王探求は約七年の年月と全国の熱心な探求者の協力をえて北海道から沖縄県まで五七件の禹王遺跡とその意義を明らかにすることができました。

日本各地に地域の歴史、河川と人々の生活との結びつきを示す多彩な禹王が存在していることに驚かされます。これほど広く、そして深く中国からやってきた禹王が日本人と日本文化のなかに入りこんでいるのです。とくに、淀川、木曽三川、利根川の日本を代表する大河の流域に色濃く分布していることに驚嘆しました。日本の禹王は一部を除き治水、河川改修や水路開削にかかわるものが大部分であり、治水神信仰地域として集約できることがわかりました。

しかし、多くの課題が今後に残されています。そのいくつかを指摘しておきましょう。

1、各地に埋もれたままの禹王が眠っています。これを発見しその意味を明らかにすることが最大の課題です。

2、本書では深く追求できなかった地域の宗教と信仰、民俗と文化、河川と地域の特性、水害史や河川改修史との関係などについて、各分野の方との共同研究をすすめる必要があります。

3、禹王文化核心地域とした中国の状況を理解するために日中の研究と文化の交流を推進することが望まれます。

4、台湾は水仙尊王信仰で特徴づけられますが、朝鮮半島に禹王信仰はなかったのでしょうか? 今後、東南アジアなどの漢字文化圏へ調査をひろげ、世界の禹王文化の全貌が明らかになる日が来ることを期待しています。

禹王遺跡と信仰に関する情報や賛同いただける思いを事務局までお寄せ下さい。

最後に、困難な遺跡調査を実施し、多忙な中執筆くださった研究仲間の皆さん、情報や資料を提供くださった国ならびに自治体の関係諸機関と個人の皆様にあつくお礼申しあげます。個々の名をあげえぬ失礼をお許しください。出版を引き受けられた人文書院、とりわけ多様多彩な内容の原稿を見事な采配で一書にまとめあげてくださった伊藤桃子さんに心よりお礼申しあげます。

二〇一三年六月三日

大脇良夫・植村善博

【治水神・禹王研究会事務局】
〒603-8301　京都市北区紫野北花ノ坊町96
佛教大学歴史学部歴史文化学科　　植村善博研究室気付
E-mail uemura@bukkyo-u.ac.jp

戦車のキャタピラの傷跡がある。割れずに完全な形状で残っているものとしては最古の碑である。現在は南風原町《はえばるちょう》字喜屋武257の南風原文化センターに保管されている。宇平橋は現在山川橋と通称されており、橋の横に宇平橋碑のレプリカが設置されている。

写真3　山川橋

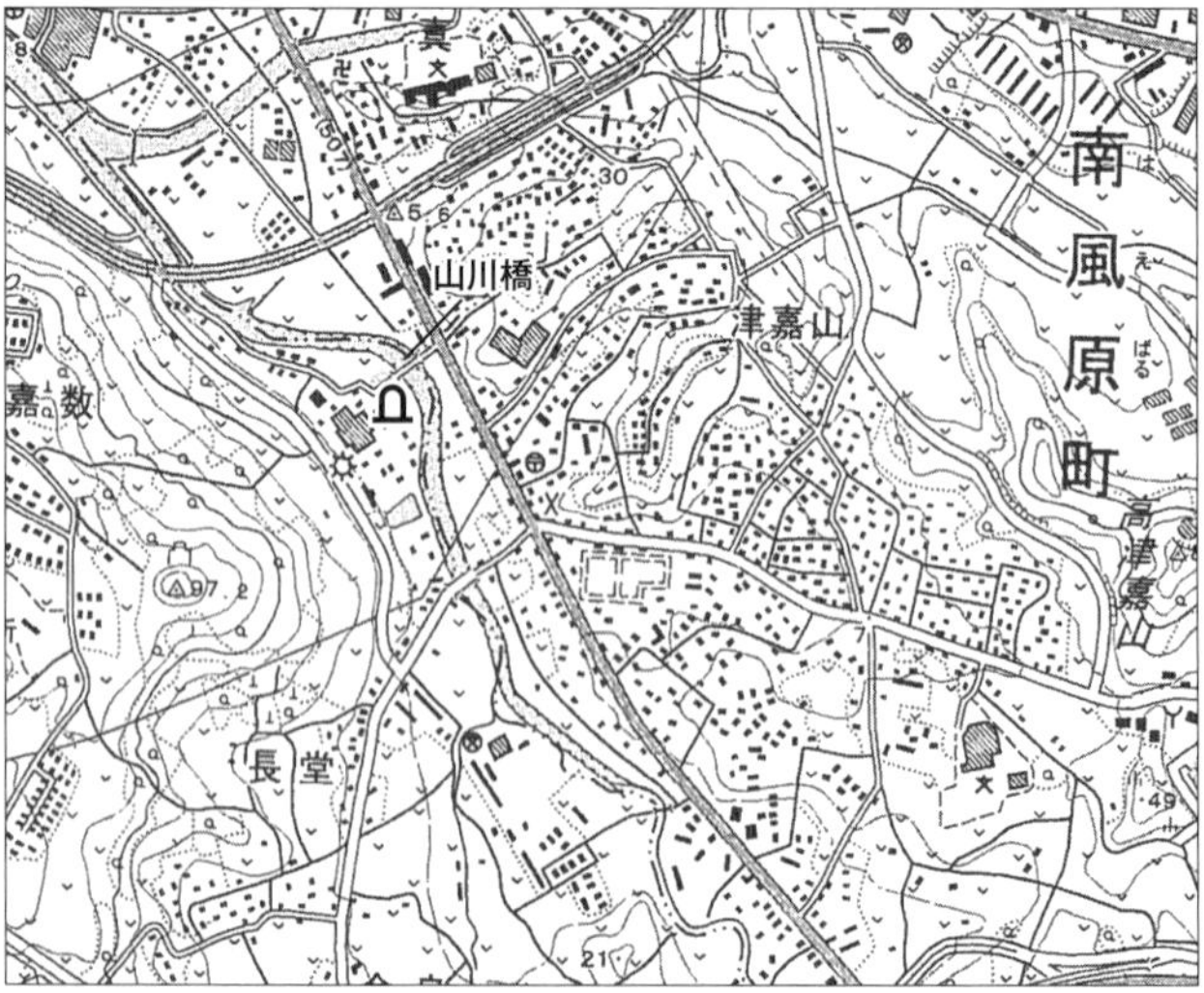

国土地理院発行25000分の1地形図（那覇）より

アクセス：山川橋および南風原文化センターまで、南風原ICより車で10分（11km）。

参考文献：『南風原の文化財』南風原町教育委員会、1991年
『金石文――歴史資料調査報告書ｖ』沖縄県教育委員会、1985年
『南風原町史　第2巻　自然・地理資料編』南風原町、1997年

（大井みち）

F-07

宇《う》平《ふい》橋碑（長堂川）

沖縄県島尻郡南風原町字山川304　山川橋西詰

サイズ：高さ209cm　幅40cm　厚さ10cm
　　　　砂岩（地元名　ニービヌフニ）

刻　字：「大禹治水之功」

建　立：1690（康熙29）年9月29日　梁鏞《りょうよう》国吉

琉球王朝時代、重要な交通路に架かる石橋の完成を記念して橋碑を設ける風習が1522（嘉靖１）年頃から定着しはじめた。琉球王朝が建てた橋碑として5番目に古いのがこの宇平橋碑である。

木の板で橋をかけていたが、木喰い虫や風雨のために傷み、たびたび壊れて往来ができなくなり、住民の苦労がたえなかった。そこで、国王（尚貞）が夏禹帝のような治水事業を思い立ち、摂政三司官に示し、工事を始めたのが1690年8月1日。多くの農民たちが加勢にきて9月1日に完成したとある。

写真１　（左）宇平橋碑（南風原文化センター）
写真２　（右）宇平橋碑拓本

沖縄戦により台座は爆弾で吹っ飛び、石碑本体表面にも

もの。禹王の文は大浦川の水天之碑（F-05）から引用したものと思われる。

区画整理竣工之碑を挟んで右側に碑文、左側に事業概要を記す三碑が並んでいる。

写真２
区画整理竣工之碑

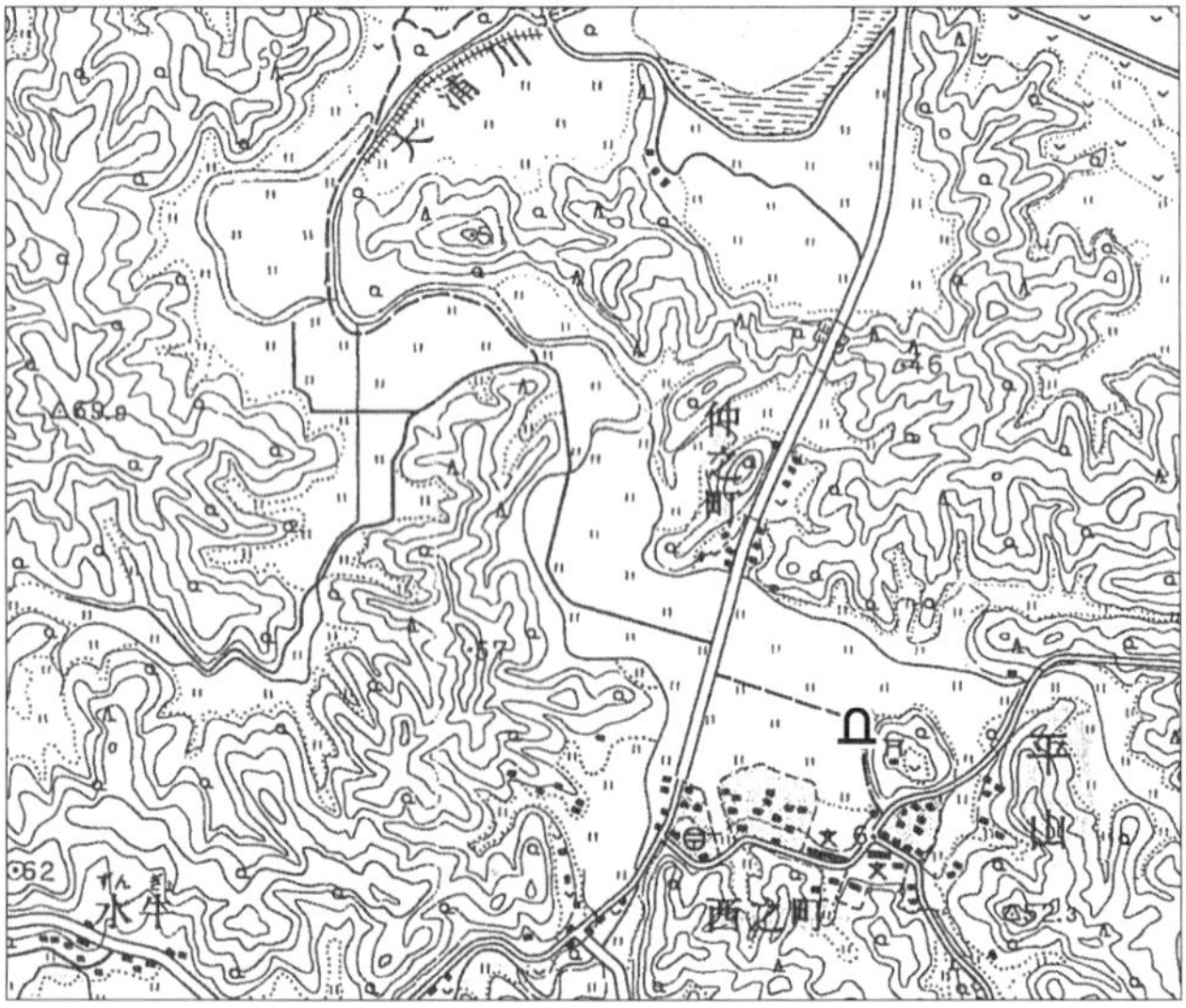

国土地理院発行25000分の１地形図（島間）より

アクセス：種子島空港より車で約1時間

参考文献：『みなみたねの碑文』熊毛文学会、2000年

（植村善博）

F-06

区画整理竣工之碑（大浦川）

鹿児島県南種子町平山　平山神社下

サイズ：高さ80cm　幅100cm　花崗岩（写真1の右）

刻　字：「昔　禹王水を治む　今　君も亦かくの如し」

建　立：1989（平成元）年3月　南種子町土地改良区

1981（昭和56）年から開始された新農業構造改善事業による営農基盤づくりにより、平山地区の水田区画、水路、道路が一新された。この事業の竣工と関係者および受益者の努力を後世に伝えるために建立された

写真1　種子島平山地区区画整理碑、右が碑文

の作である。大浦川の旧蛇行流路の締切堤防の上にあり、左から本碑、宝光権現祠、川直碑が並んで置かれている（写真2）。風雨によりたびたび倒れ破損したため、現在はコンクリート上に固定されている。行事などはとくに行われていない。

写真2　水天之碑(左)、宝光権現祠(中)、川直碑(右)

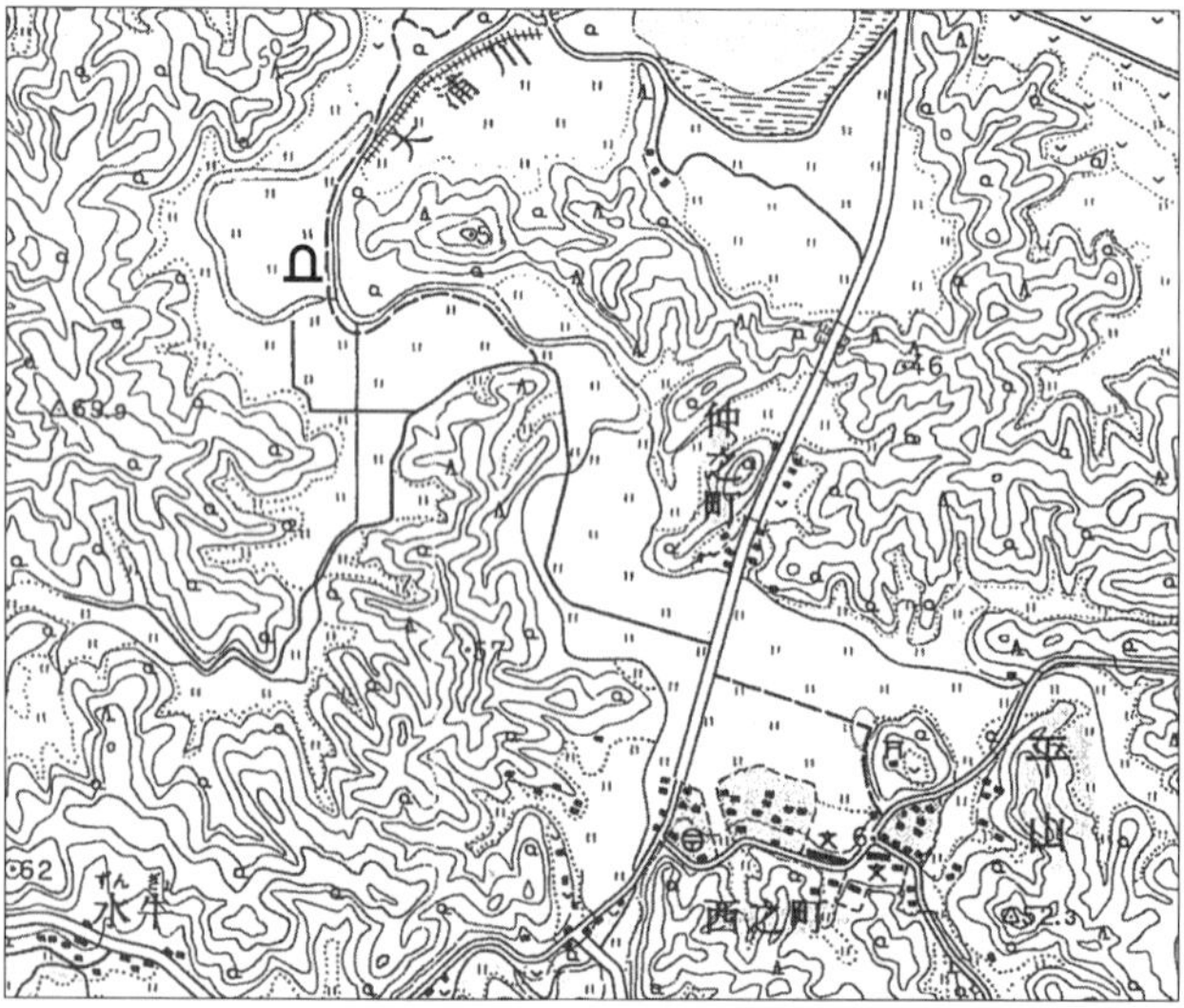

国土地理院発行25000分の1地形図(島間)より

アクセス：種子町空港より車で約1時間、南種子町平山から農道を約5分

参考文献：『種子島碑文集——石の文化誌　第一集』下野敏見・鮫島宗美編、熊毛文学会 1965年、28～29頁

（植村善博）

F-05

水天之碑（大浦川）

鹿児島県南種子町平山北小浦　大浦川堤防

サイズ：高さ93cm　幅18cm　六角柱、溶結凝灰岩

刻　字：「昔禹王治水　今君亦如此」（昔、禹王水を治む、今、君もまた此の如し）

建　立：1859（安政6）年　平山村民

種子島家第23代久道の正室松寿院の業績と恩恵を顕彰し、住民の農耕と堤防補修への決意を示したもの。当時、大浦川は下流低湿地を大きく蛇行しており、排水不良で農民を苦しめていた。夫の死後、跡継ぎがないため名跡として種子島を統治することになった松寿院は、大浦川低地の排水を改良し潮入の害を軽減するために、蛇行部をショートカットして直線流路に変え、築堤する工事を1857（安政4）年に完成させた。このために、薩摩藩から約285両を借用して投じたという。これにより収穫が安定し、堤上の道路も新設されて生活上便利になった。

写真1　水天之碑

碑文は子島桃園時乗《こじまとうえんときのり》（医師）

碑建立にいたった経緯を記した碑文、東面には、石碑を建立に関わった村と人の名などが刻まれている。

臼杵川低地を見下ろす望月台地西端にある。

写真2　臼杵川(左手前方)を見下ろす不欠塚

国土地理院発行25000分の1地形図(臼杵)より

アクセス：JR臼杵駅より臼津交通・大野竹田バスで望月下車、徒歩10分

参考文献：臼杵藩政史料『稲葉家譜』泰通一
　　　　　臼杵藩政史料『温故年表録』中巻

（菊田　徹）

F-04

不欠塚《ふかんづか》（臼杵川）

大分県臼杵市大字望月町

サイズ：高さ168cm　横幅69cm　厚さ48cm　溶結凝灰岩

刻　字：「合祀大禹后稷」

建　立：1838（天保9）年　上望月村惣中

臼杵川中流部は江戸中期まで、大雨のたびごとに堤防が壊れ田畑が流される状況が続いていた。これに対して、地元に住みついた疋田不欠《ひきたふかん》が水の流れに従って水勢を和らげることを考えつき、新堤防を築造することに成功したという。彼の功績を称えるため上望月村の人々によって建立された。

石碑は角柱状を呈しており、正面となる石碑の西面に「不欠塚」の３文字が大きく深く彫られている。北面と南面には石

写真１　不欠塚正面（西面）

写真２
参道に立つ神道碑

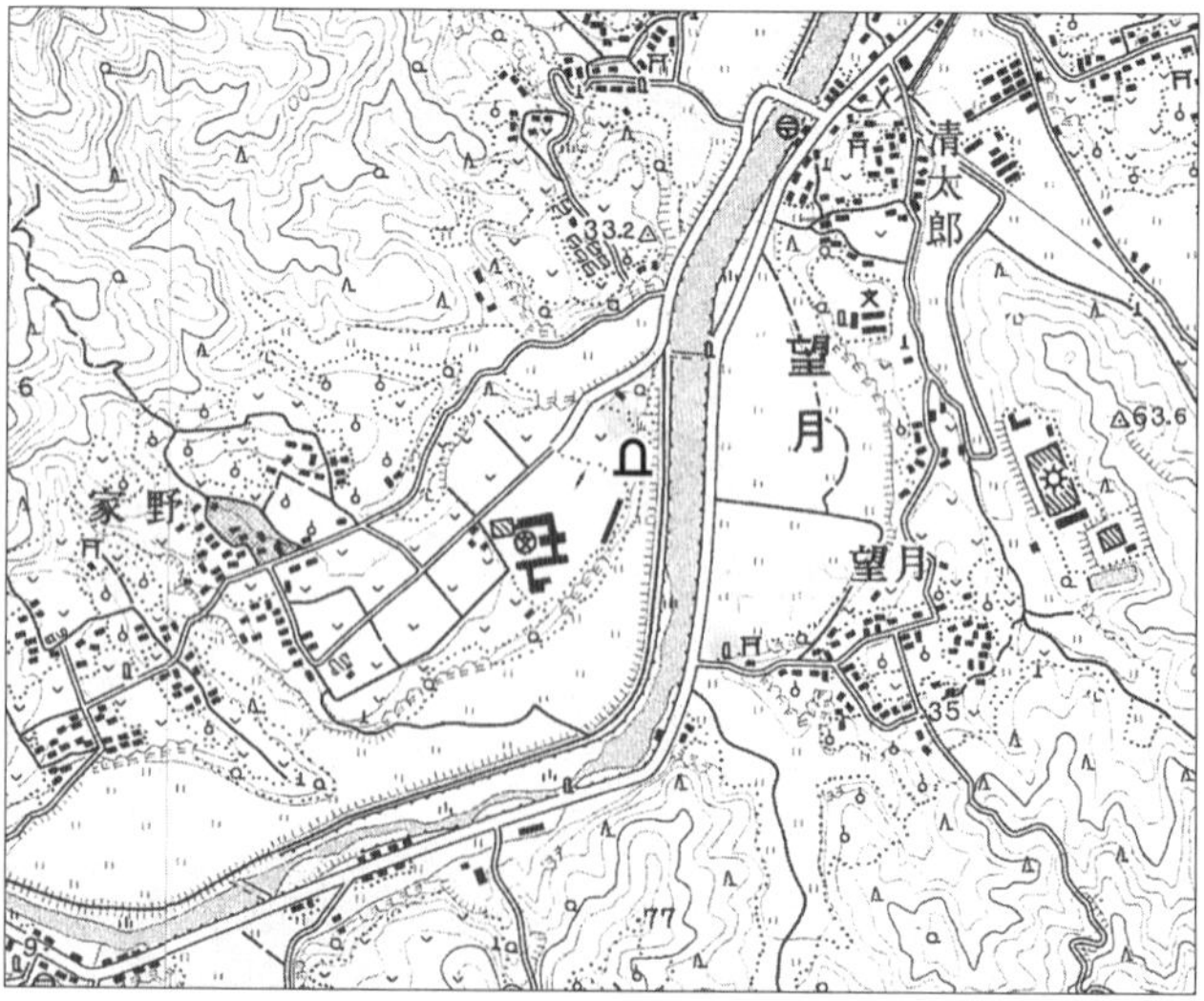

国土地理院発行25000分の１地形図（臼杵）より

アクセス：JR臼杵駅下車、臼津交通・大野竹田バスに乗車し、臼杵商業高校入口で下車、前田橋を渡り、高校に向かって徒歩約５分。

参考文献：臼杵藩政史料『稲葉家譜』泰通一
臼杵藩政史料『温故年表録』中巻

（菊田　徹）

F-03

禹《う》稷《しょく》合《ごう》祀《し》碑記（臼杵川）

大分県臼杵市大字家野字松ケ鼻

サイズ：高さ205cm　幅130cm　厚さ33cm　溶結凝灰岩

刻　字：「禹稷合祀碑記」（篆額）

建　立：1740（元文5）年、第9代臼杵藩主稲葉泰通　碑文は荘田子謙

臼杵《うすき》川の左岸の家野台地（河岸段丘）上に禹稷合祀の壇（F-02）があり、街道から壇まで約20mの急坂をのぼる参道が造られている。その途中にこの禹稷合祀碑記（神道碑）が東面して立っている。碑文には合祀の壇の由来が述べられている。

現在、臼杵市指定史跡。禹稷合祀の壇へいたる参道にあり、ランドマークの役割をもっている。

写真1　禹稷合祀碑記（神道碑）

側に設けられている参道を南に100ｍほど下った位置に「禹稷合祀碑記」（F-03）が建てられている。ともに臼杵市指定史跡。毎年、9月の第2日曜日に五穀豊穣を祈願しての神事、神楽（三輪流臼杵神楽）子どもによる奉納相撲が行われている。

写真2　合祀壇と壇碑（右）

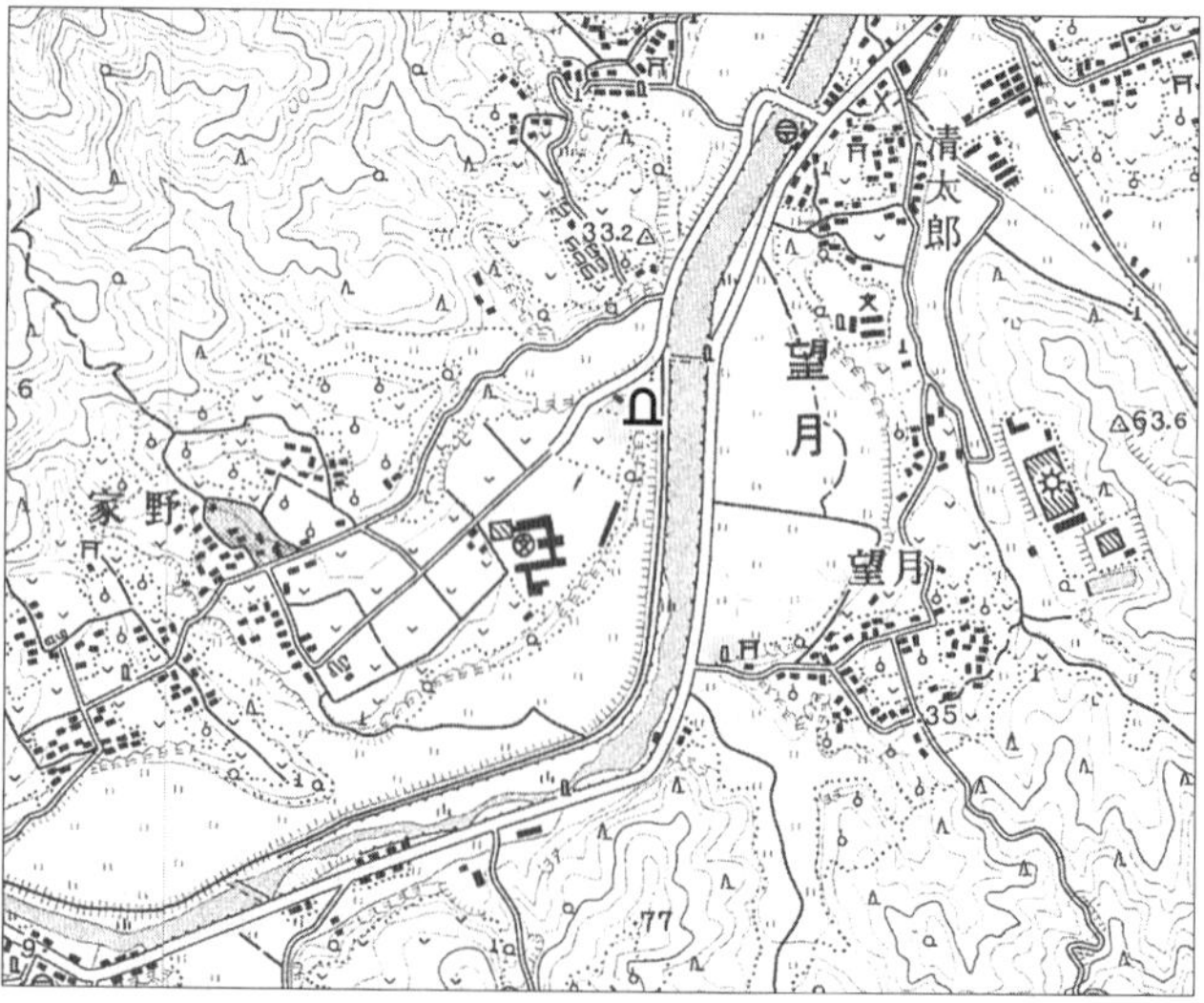

国土地理院発行25000分の1地形図（臼杵）より

アクセス：JR臼杵駅より臼津交通・大野竹田バス、臼杵商業高校入口下車、徒歩約5分。

参考文献：臼杵藩政史料『稲葉家譜』泰通一
　　　　　臼杵藩政史料『温故年表録』中巻

（菊田　徹）

F-02

禹《う》稷《しょく》合《ごう》祀《し》の壇《だん》と大《たい》禹《う》后《こう》稷《しょく》合《ごう》祀《し》石碑（臼杵川）

大分県臼杵市大字家野字松ケ鼻

サイズ：高さ202cm　横幅102cm　厚18cm　緑泥片岩
禹稷合祀の壇：方形の3段積の祭壇、下段から順に1辺が800cm、380cm、190cm

刻　字：「大禹后稷合祀石碑」（篆額）

建　立：1740（元文5）年、第9代臼杵藩主稲葉泰通

臼杵《うすき》藩の記録によると、享保13（1728）年以降、度重なる大風雨による洪水によって農作物が被害を受け、領民は疲弊していたと記されている。当時の郡奉行の提唱により古代中国の禹と后稷《こうしょく》の故事に倣い、川の流れの穏やかなることと農作物の豊穣を祈るために、臼杵藩主の稲葉泰通が禹稷合祀の壇と石碑を建設した。

写真1　大禹后稷合祀石碑（壇碑）

臼杵川左岸の家野台地北東端部に禹稷合祀の壇は造られている。三方（北・東・南）に凝灰岩の切石を三段に積み上げた基壇を造り、さらに基壇のほぼ中心に、高さ95cmの台形状の方壇を造り、四面の中央に石段を設けている。この基壇の北東隅に「大禹后稷合祀石碑」（壇碑）が、さらにこの基壇の東

写真2　明春寺
（佐賀市教育委員会提供）

国土地理院発行25000分の1地形図（牛津）より

アクセス：JR久保田駅より南へ1.8km
参考文献：『久保田町史』久保田町、1971年、473〜475頁

（木谷幹一）

F-01

明春寺鐘銘（嘉瀬川）

佐賀市久保田町大字久保田　明春寺

サイズ：高さ50cm　直径30cm

刻　字：「君奉禹湯　臣仰元凱」（君、禹湯を奉り、臣、元凱を仰ぐ）

建　立：1819（文政2）年10月18日　村岡八兵衛　松下市五郎

写真1　明春寺鐘銘（明春寺提供）

これは臨済宗南禅寺派明春寺の鐘銘である。第11世大桃宣和尚のとき、仏堂の改築があり、それとほぼ同時期に鋳造された釣鐘である。至宝妙光信女の菩提を弔うための鐘銘があり、文には第11世大桃宣和尚の謹白とされている。鐘銘には、君主は夏《か》の禹王、殷《いん》の湯王を敬い、臣下は元凱つまり中国神話時代の帝顓頊《せんぎょく》の才子8人と嚳《こく》の才子8人を敬うとある。

記した485字の碑文がある。

現在、地域団体が、河川公園にて「せせらぎの夕べ」ほかの行事を毎年行っているほか、NPO佐東地区まちづくり協議会などにより、大禹謨碑の顕彰、保存活動を、永久的なまちづくりの一貫として位置づけていく努力が始められている。

写真2　大禹謨碑裏面

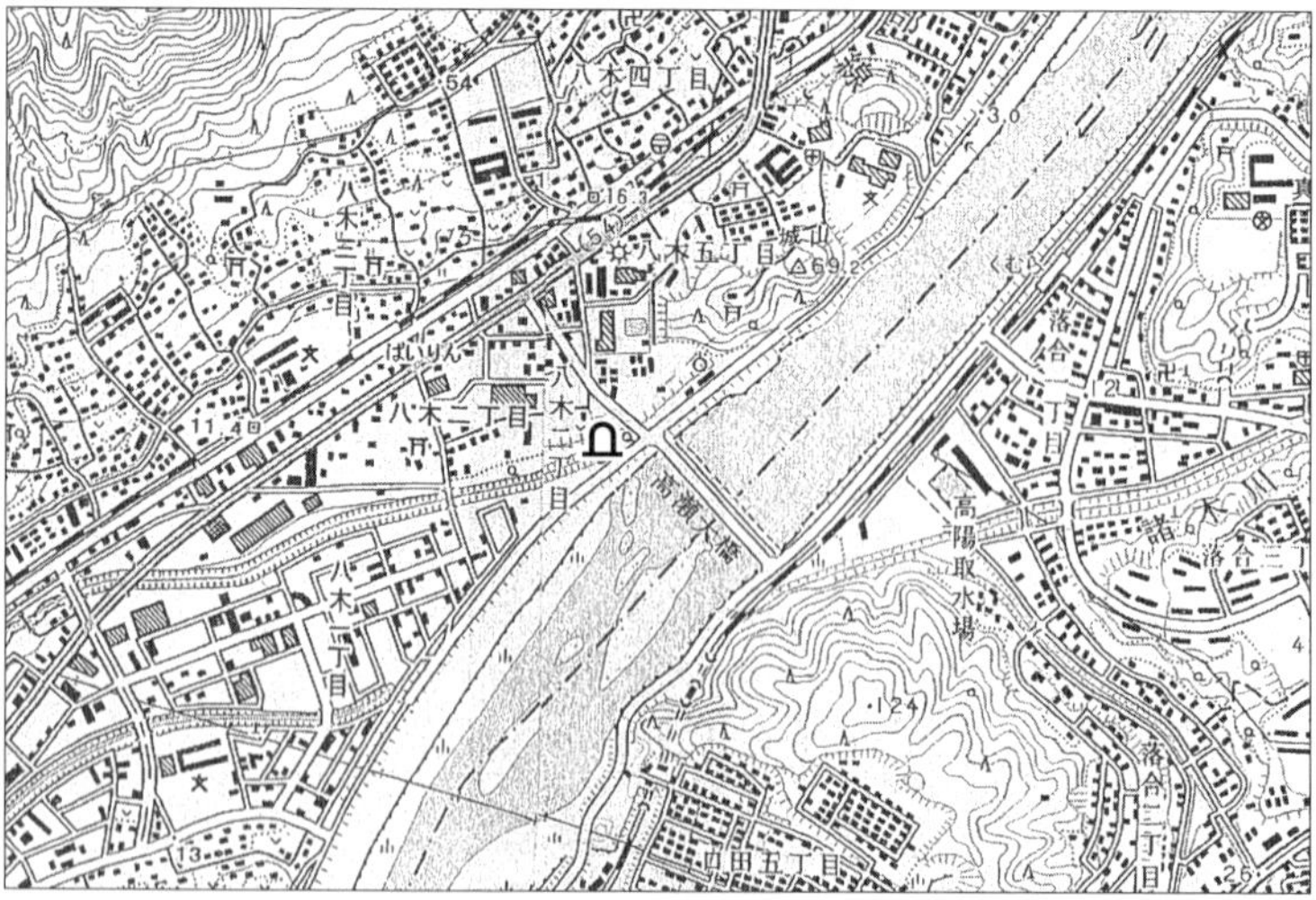

国土地理院発行25000分の1地形図（中深川・祇園）より

アクセス：JR可部線梅林駅より、東へ徒歩10分。高瀬堰の手前、右側緑地内。

参考文献：『佐東町史』広島市役所、1980年、446〜448、493〜496頁
『運命共同体の史的展開――太田川とヒロシマの場合』山中寿夫・小林利宣編、東信堂、1989年、5, 114-119頁。

（福谷昭二）

E-04

大《だい》禹《う》謨《ぼ》（太田川）

広島市安佐南区八木　高瀬大橋西詰　太田川河川公園

サイズ：高さ190cm　幅380cm　厚さ100cm　花崗岩

刻　字：「大禹謨」

建　立：1972（昭和47）年5月20日　池田早人

1932（昭和7）年から国の事業として継続された太田川の改修工事の進展による旧太田川（古川）の締切りを記念して1972年に建立された。恩恵をうけた旧佐東町《さとうちょう》がその偉業を後世に伝えるために高瀬堰《たかせぜき》西詰の公園内に建立したもの。碑の正面に、中国の治水神禹王の業績にあやかった、当時の佐東町長池田早人揮毫《きごう》による「大禹謨」（偉大な禹のはかりごと）を刻み、裏面には同じ撰文と揮毫で、工事の由来を漢字かな交じり文で

写真1　大禹謨碑正面

した。もとの薬師堂横にはレプリカの大禹謨碑が置かれている。

写真2
薬師堂左のレプリカ

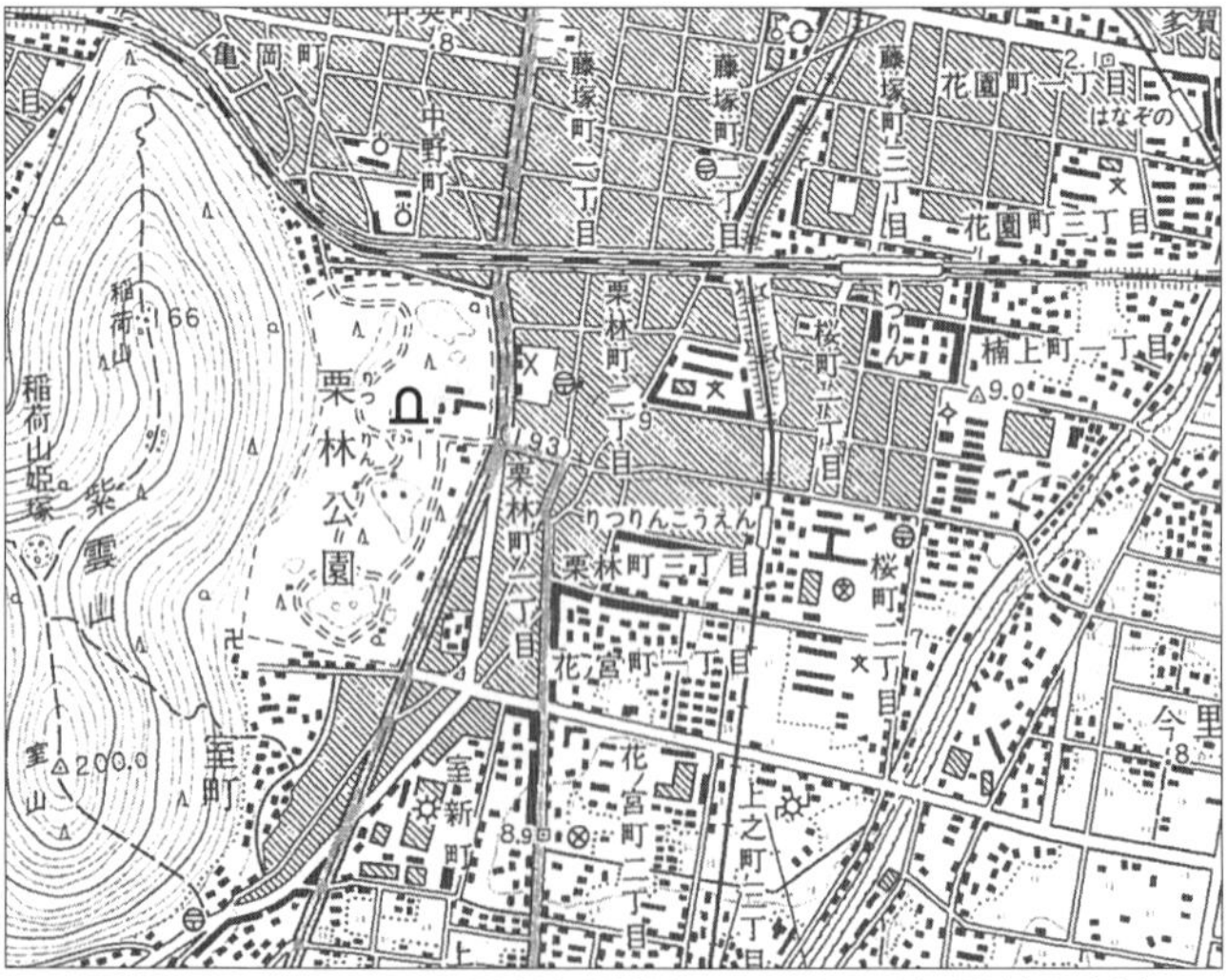

国土地理院発行25000分の1地形図（高松南部）より

アクセス：JR高松駅よりコトデンバス栗林公園前下車／高松琴平電鉄栗林駅下車、西へ徒歩約10分

参考文献：『一宮村史』一宮村史編集委員会、1965年、518頁
「治水の神を祭る民俗」福家惣衛著『新香川』2月号、1958年、3〜6頁
『西嶋八兵衛と栗林公園』前田勝重著、大禹謨顕彰会、1962年、2〜43頁

（北原峰樹）

E-03

大《だい》禹《う》謨《ぼ》（香東川）

香川県高松市栗林町　栗林公園内商工奨励館中庭

サイズ：高さ58cm　横幅20cm　厚さ18cm　砂岩

刻　字：「大禹謨」

建　立：1637(寛永14)年頃　西嶋八兵衛

城下町高松の街づくりや新田開発のために、香東川の東の流路を堤防により付け替えて現在の西側１本の流路にした西嶋八兵衛が、その工事の竣工と氾濫をくり返した香東川の鎮斎を目的に「大禹謨」(偉大な禹のはかりごと）と刻んだ碑を建てたと推測される。

写真１　大禹謨碑

大正時代に河原からこの石碑が発見された際、近くの大野村中津(現高松市香川町大野)にある薬師堂横に安置した。1962（昭和37)年７月７日に遷座式を行って現在の栗林公園内商工奨励館中庭に遷

が西向きなのは大山を背にして、水田を一望し米金井手の最終地の方を向いているからである。なお、米金井手は1997年以降使用されていない。碑文は風化が進み読みとりにくくなっている。

写真2　米金井手碑背面

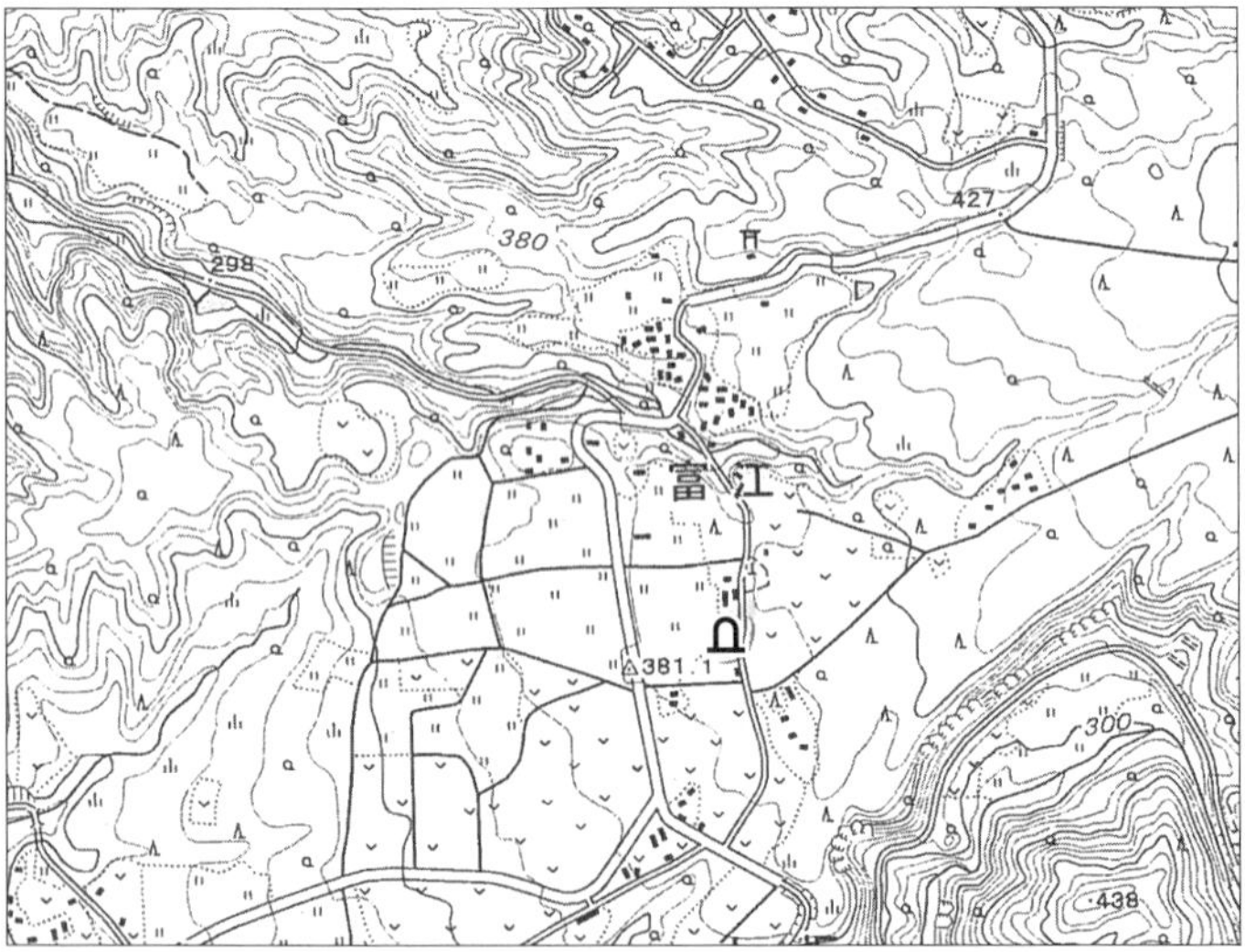

国土地理院発行25000分の1地形図(伯耆溝口)より

アクセス：JR伯耆溝口駅より車で15分

参考文献：『溝口町ふるさと散歩4ふるさとの石ぶみ』溝口町中央公民館文化講座ふるさと散歩の会編、溝口町中央公民館、1981年、16～18頁。
『とっとり土地改良史』水土里ネットとっとり、2004年、309～320頁。

（木村大輔）

E-02

篠田・大岩二君功労記功碑（日野川水系）

鳥取県伯耆町富江

サイズ：高さ165cm　幅70cm　厚さ30cm　安山岩

刻　字：「神功禹蹟　誰争後先」（神功禹蹟、誰か後先を争わん）

建　立：1896（明治29）年12月建立　富江集落住民

「米金《べいきん》井《い》手《で》」（名前の由来は米沢村と金沢村を結ぶことから）の発起・完成者である二氏の功績を顕彰する碑である。1894（明治27）年に乏水地であった大山《だいせん》南麓の大河原、吉原、栃原、大滝、福兼、富江、大倉の7集落の開田を目的として、伯耆町《ほうきちょう》大倉の篠田清蔵と江府町下蚊屋の大岩八郎が発起人および工事請負人となって「米金井手」と呼ぶ水路を造成した。米金井手は江府町の俣野川支流本谷川を水源とし、伯耆町大倉にいたる総延長20.2km、水利受益面積は約30haに達する。総受益総面積の約4割を占め、多大な利益をうけた富江の住民が篠田・大岩両氏の恩恵を碑に刻んだもの。

銘文は江府町の医師遠藤正陽《まさあき》が作り、揮毫は父である平治郎と伝えられている。漢文体10行に記され、その下に上述の文句が記されている。碑の表面

写真1　米金井手碑

寺川の堤防復旧を行い地元復興に力を注いだ。その功績を禹とくらべ功の大小の違いはあれど後世に伝えるべきと、記念碑を建立した。

写真２
手前が旭川。写真中央部で誕生寺川が合流している。誕生寺川左岸側の竹藪脇に川口修堤之碑は建っている。

国土地理院発行25000分の1地形図（福渡）より

アクセス：JR津山線福渡駅より北へ徒歩30分

参考文献：『建部町史　地区誌・史料編』建部町、1995年、305〜307頁

（諸留幸弘）

E-01

川口修堤之碑（旭川水系誕生寺川）

岡山市北区建部町川口　旧高砂橋東詰、誕生寺川左岸堤防上

サイズ：高さ170cm　幅180cm　厚さ25cm　花崗岩

刻　字：「嗚呼微禹　吾其魚乎」（ああ、禹なかりせば、吾其れ魚か）

建　立：1908（明治41）年11月　有志者建立　撰文坂本義夫　書牧馬

1892（明治25）年7月の台風および1893年10月の暴風雨により発生した災害で、岡山市北部に位置する建部《たてべ》町《ちょう》福渡《ふくわたり》でも旭川や誕生寺川が氾濫し甚大な被害を被った。当時、福渡村村長であった河本峯は、誕生

写真1　川口修堤之碑

禹帝が手に持っているのは、右手がコンパスで左手が縄である。これは、『和《わ》漢《かん》三《さん》才《ざい》図《ず》会《え》』から引用したもので工事設計に必要な器具を示している（写真2）。

大龍黄河を治める禹帝の姿を乗せた屋台が、毎年魚吹八幡神社の秋祭りに練り出し担がれている。

写真2　露盤「禹帝」

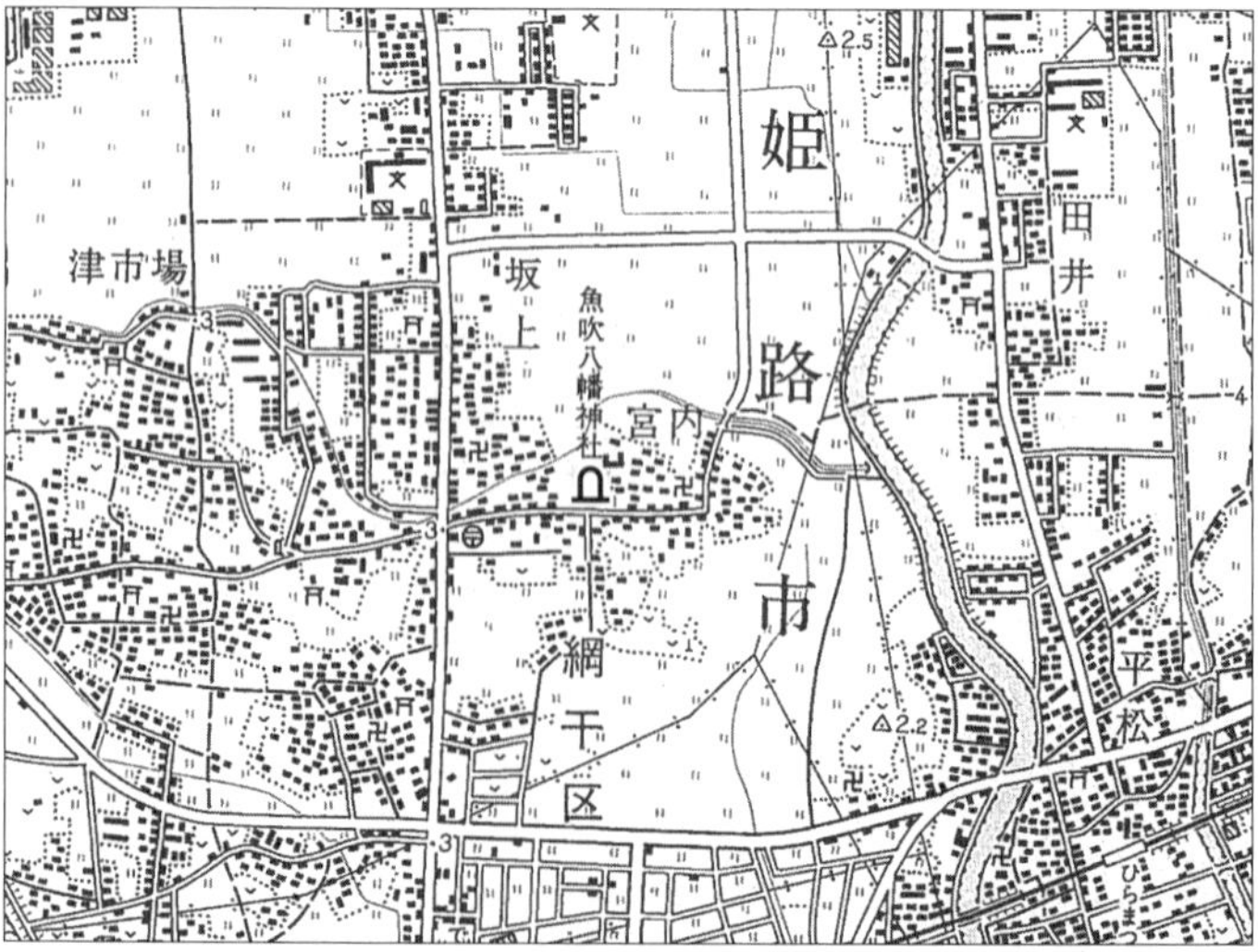

国土地理院発行25000分の1地形図（網干）より

アクセス：山陽電車山陽網干駅より北へ約10分

（諸留幸弘）

D-14

屋台の禹木彫像（揖保川）

兵庫県姫路市網干区宮内　魚吹八幡神社

サイズ：高さ410cm　幅220ｍ　全長850cm（屋台）

刻　字：なし

建　立：2010（平成22）年　長松自治会　製作南部白雲木彫刻工房

魚吹《うすき》八幡神社の氏子である長松町の初代屋台は文政年間（1818～1830）にさかのぼる。2007（平成19）年10月に長松町の活性化と繁栄を願って４代目の屋台を新調することにした際、水に関係のある禹帝と農民、黄龍頭部、黄龍尾部を露盤に刻み、水の大切さと水難消滅を祈願することになった。

写真１　練り合わせを行う長松屋台、露盤（擬宝珠の下）に禹帝の姿が見える

この石碑の右隣には地蔵菩薩（建立：但馬生野銀山施主　足立清兵衛）、右端に法道仙人像が並んで立っている。それぞれ「天下泰平　国土安全」、「金城往来安全請　大般若」と刻まれており、いずれも道中の安全を祈願したものである。

写真2　明治の鐘ヶ坂トンネル入り口。金坂修道供養塔銘（右側斜面）と鐘坂隧道碑（左側）

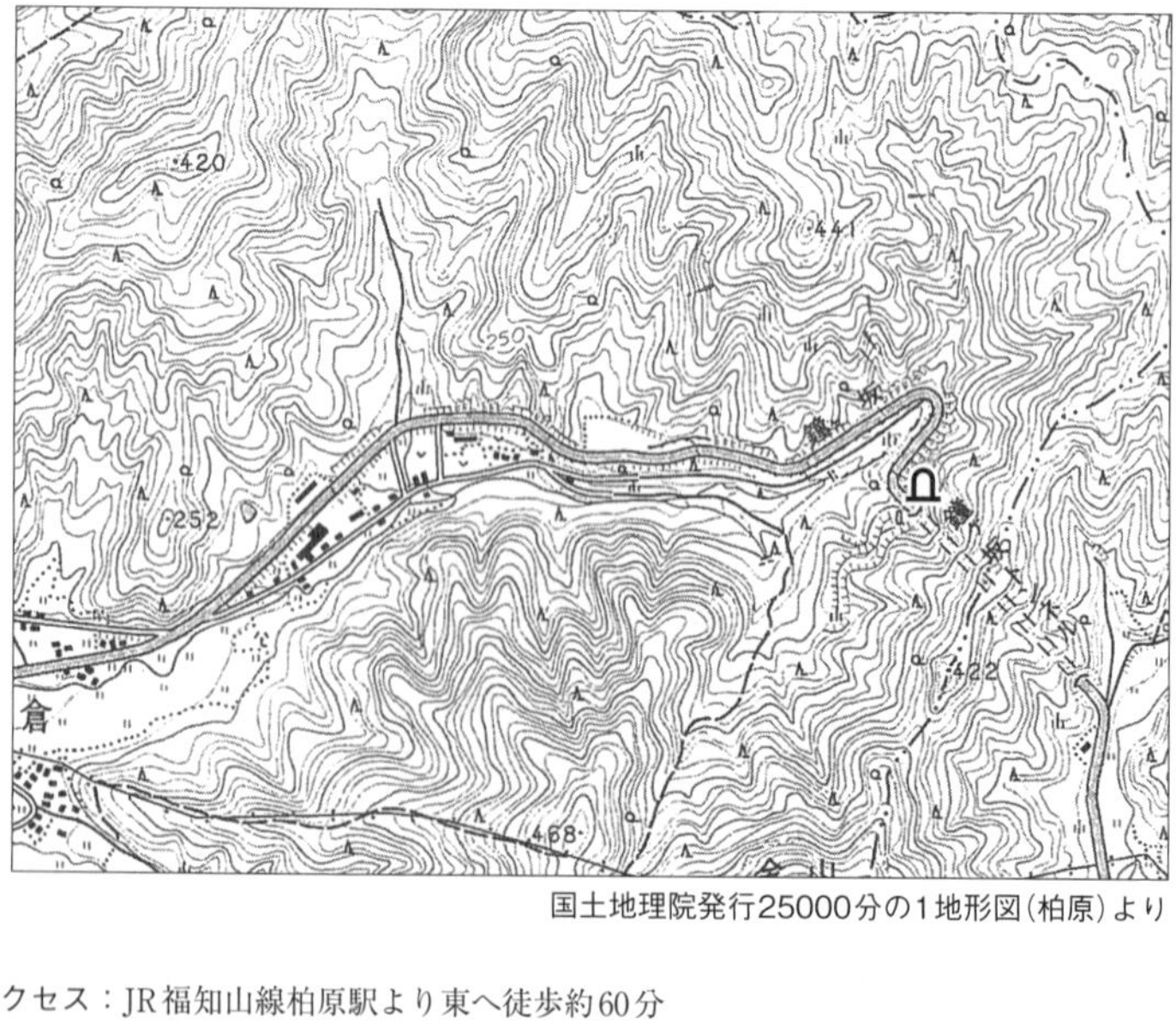

国土地理院発行25000分の1地形図（柏原）より

アクセス：JR福知山線柏原駅より東へ徒歩約60分

参考文献：『柏原町史』大阪府柏原町、1955年、386〜387頁

（諸留幸弘）

D-13

金坂修道《かねがさかしゅうどう》供《く》養《よう》塔銘 (加古川水系柏原川)

兵庫県丹波市柏原町上小倉　鐘ヶ坂隧道抗口(柏原側)

サイズ：高さ87cm　横32cm　厚さ28cm

刻　字：「永勝禹功」(永く禹の功に勝る)

建　立：1823(文政6)年11月　田周治　柏原世話人中

鐘ヶ坂峠は兵庫県丹波市柏原町《かいばらちょう》と篠山《ささやま》市を結ぶ交通の難所として知られている。1883 (明治16) 年に日本最古のレンガ造りトンネルが開通するまでは、急峻な峠道を越えて往来していた。険しく細い峠道は人の命を奪うこともある危険な場所だった。この峠道の改修工事の功績を称え記念碑を建立し後世に伝えている。

写真1　金坂修道供養塔銘(左)、地蔵菩薩(中)、法道仙人像(右)

国分村の領主となった稲垣摂津守重綱《いながきせっつのかみしげつな》が大和川の大治水事業を実施、村の繁栄の基礎を築いた。その旧恩に報いるため、重綱の百回忌に国分船の船持《ふなもち》仲間が慰霊塔を建てたもの。「法性院殿前摂津大守源朝臣光岳宗本居士塔」と刻む墓碑で、裏面に建立由来が記してある。

碑は当初、国分村新町明円寺にあったが、明治の廃仏毀釈時に移転させられた。現在は東条《ひがんじょう》墓地にひっそりと立っている。

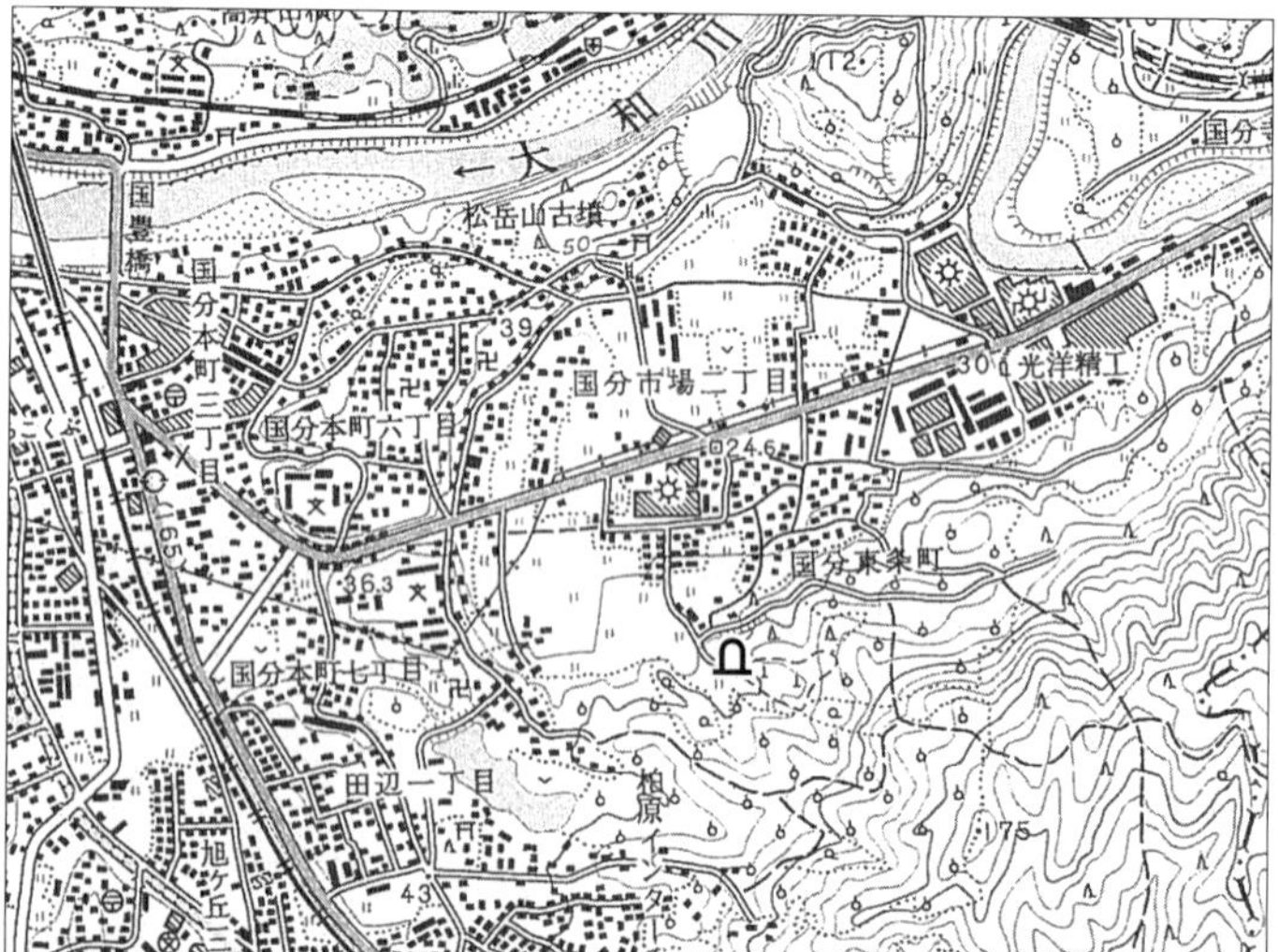

国土地理院発行25000分の1地形図（大和高田）より

アクセス：近鉄河内国分駅より徒歩20分程

参考文献：『柏原市史　第一巻　文化財編』柏原市役所、1969年
『郷土誌　河内国分』杉田正一著、国分町、1955年
「河内国分に遺る小禹廟」桝谷政則著、『河内どんこう』やお文化協会、2009年

（桝谷政則）

D-12

小禹廟（大和川）

大阪府柏原市国分東条町　国分東条墓地

サイズ：高さ144cm　幅43cm　厚17cm　砂岩

刻　字：なし。墓碑が「小禹廟」とよばれている

建　立：1753（宝暦３）年　国分船船持衆

写真１　小禹廟正面

写真２　小禹廟背面

名が刻まれている（書丹成田軍平）。後藤新平の書による「治水翁」の題字から、大橋房太郎は後に治水翁と呼ばれるようになった。

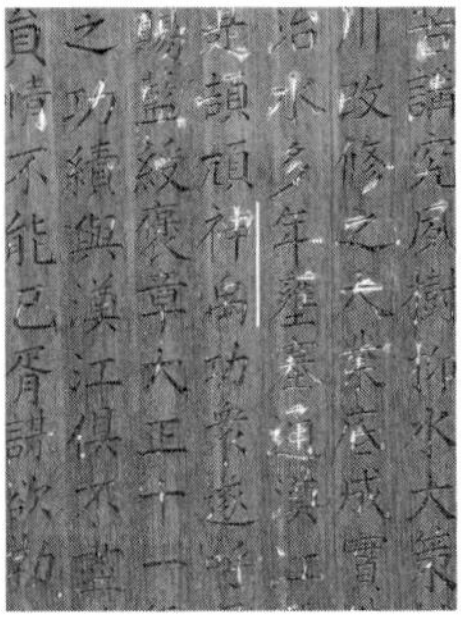

写真２　治水翁碑（表）
碑文に「神禹」の字

国土地理院発行25000分の１地形図（生駒山）より

アクセス：JR学研都市線四条畷駅下車

参考文献：『淀川治水誌』武岡充忠著、淀川治水誌刊行会、1931年
　　　　　『淀川百年史』淀川百年史編集委員会編、近畿地方建設局、1974年

（藤井　薫）

D-11

治水翁碑（淀川水系寝屋川）

大阪府四條畷市南野2-18　四條畷神社

サイズ：高さ205cm　幅120cm　厚さ17cm　頁岩

刻　字：「是頡頏神禹功」（是れ神禹の功に拮抗す）

建　立：1923（大正12）年8月5日　大阪緑藍会　篆額後藤新平　撰文土岐嘉平

淀川改良の国直轄工事実現に全情熱を傾けて奔走、努力した大橋房太郎は、1903（明治36）年に藍綬褒章を受章、1922（大正11）年には同賞の飾版を賜ったことから、これを顕彰するために緑藍《りょくらん》会（大阪の藍綬、緑綬褒章受章者の会）が建立した。会員には稲畑勝太郎、森下仁丹創業者森下博などの名がある。

篆額は子爵後藤新平、撰文は大阪府知事土岐嘉平、背面には緑藍会員氏

写真1　治水翁碑

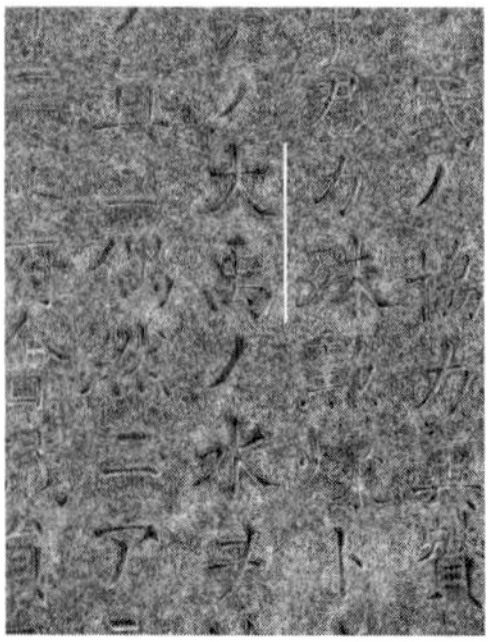

写真２
背面の碑文に「大禹」の字

上孝哉撰、寺西圓治郎書）。発起人には大阪府知事井上孝哉、同市長池上四郎、貴族院議員古市公威他の名がある。本碑のほかに建設発起人の氏名を刻んだ碑があり、「治水翁碑」（D-11）とともに、大阪平野を見下ろすように西面している。

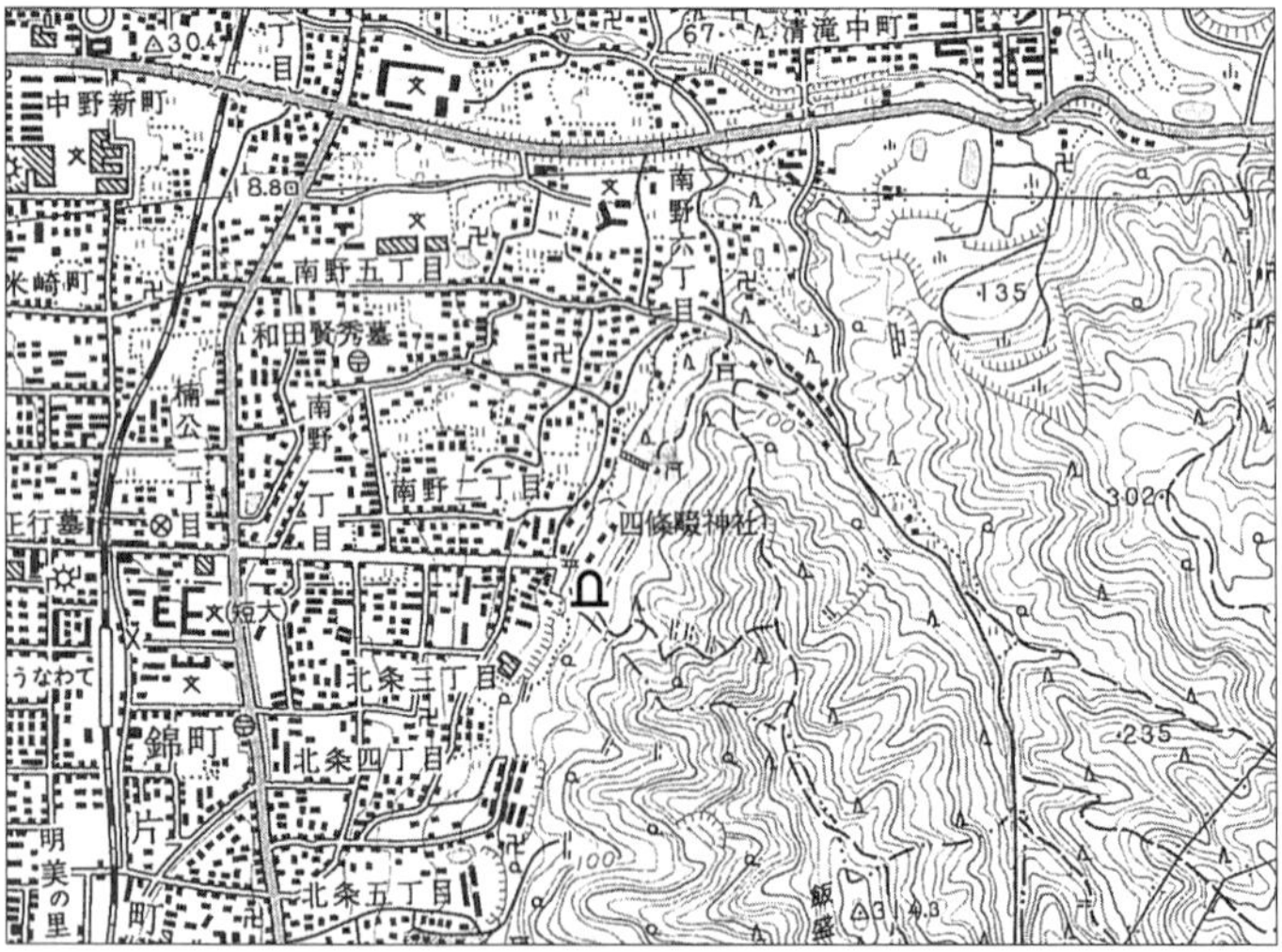

国土地理院発行25000分の１地形図（生駒山）より

アクセス：JR学研都市線四条畷駅下車

参考文献：『淀川治水誌』武岡充忠著、淀川百年誌刊行会、1931年
『淀川百年史』淀川百年史編集委員会編、近畿地方建設局、1974年

（藤井　薫）

D-10

大橋房太郎君紀功碑（淀川水系寝屋川）

大阪府四條畷市南野2-18　四條畷神社

サイズ：高さ365cm、幅193cm、厚さ31cm　花崗岩

刻　字：「大禹ノ水ヲ治ムルヤ十三年」

建　立：1923（大正12）年6月1日　大阪官民有志241名　撰文井上孝哉

明治の淀川改修事業の推進に私財をなげうって没頭、国直轄の淀川改良工事を実現させた功労者大橋房太郎の功績を顕彰したもの。放出《はなてん》村長、府会議員となり情熱を傾けて国、府、地域住民に淀川治水と工事の必要性を訴えた。工事の竣工後、1903（明治36）年その人格と功績に対して藍綬褒章を受章、1922（大正11）年には同賞の飾版を賜っている。南北朝時代の楠正成《まさしげ》の郎党の家の出身であったことから、小楠公を祀る四条畷《しじょうなわて》神社に建立された

正面に水野錬太郎書による「大橋房太郎君紀功碑」、裏に彼の業績を記している（大阪府知事井

写真1　大橋房太郎君紀功碑（左）と治水翁碑（右）

木川墓地には島道悦のほか島道迪や島左近の墓などもある。

写真2
木川墓地の島家墓所
右が島道悦墓碑（背面）

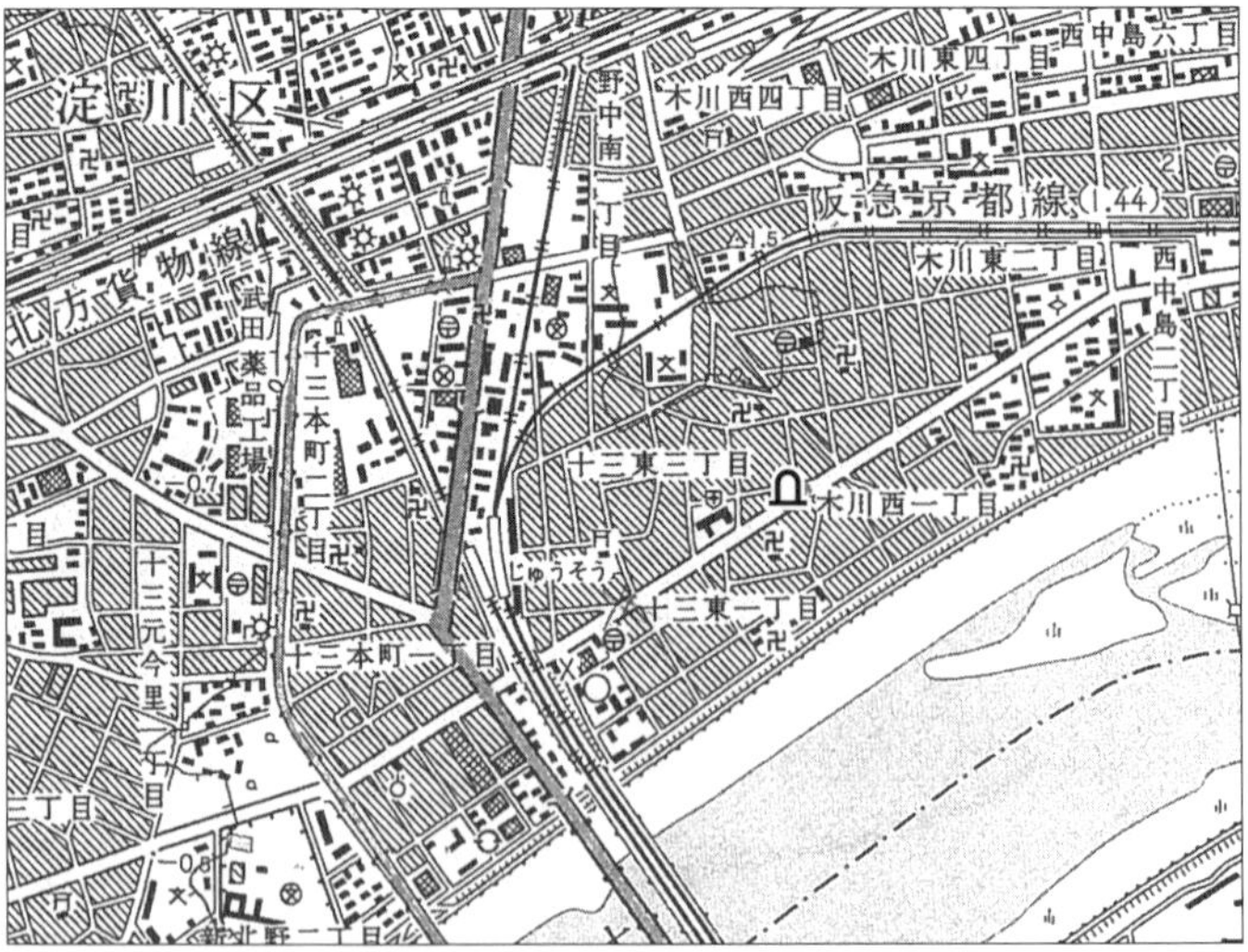

国土地理院発行25000分の1地形図（大阪西北部）より

アクセス：阪急電鉄十三駅より東へ400 m

参考文献：『大阪市内における建碑』川端直正編、大阪市、1960年、182頁
『中津町史』筒井有著、中津共励会、1939年、31頁
『西成郡史』大阪府西成郡役所、1915年、906頁

（植村善博）

D-09

島道悦墓碑（旧中津川［淀川］）

大阪市淀川区十三東2-1　木川墓地

サイズ：高さ123cm　横幅55cm　厚さ15cm　砂岩

刻　字：「禹鑿《さく》之手」

建　立：1674（延宝2）年２月４日　道悦嗣子晦厳　撰文山本洞雲

写真１　島道悦墓碑

これは島道悦の没後22年に建てられた墓碑である。山本洞雲撰による碑文が刻まれており、道悦の業績を顕彰している。島道悦は石田三成の家臣島左近の孫にあたり、地元の庄屋をつとめていたが、私財を投じて慶安元（1648）年から慶安3（1650）年に旧中津川の曲流修築（直線化）を行った。また中津川の河道に位置していた十三《じゅうそう》周辺を工事などで出た残土により埋め立て、新田開発を行った人物でもある。

記念、賞賛して大川と新淀川との分岐点にあたる毛馬閘門《けまこうもん》の地に建立された。

銘板には、内務省の土木監督署長であった沖野忠雄が中心となって進めた大工事の様子や明治天皇の計らいに対する人々の感謝が記されている（西村時彦撰文、伊藤清書）。同地には本碑のほか、沖野忠雄像などがある。

写真2　淀川改修紀功碑銅銘板

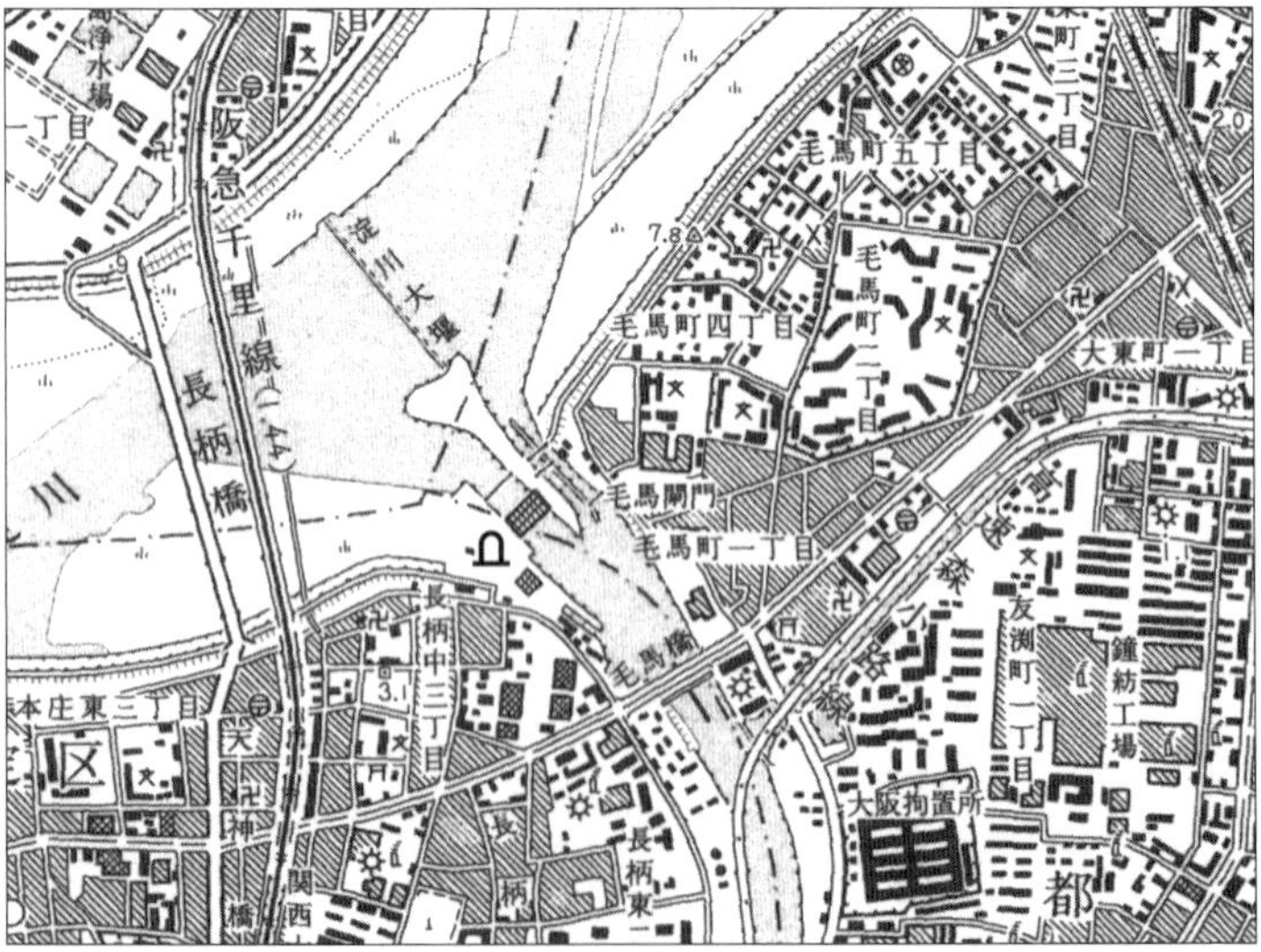

国土地理院発行25000分の1地形図（大阪東北部）より

アクセス：阪急電車天神橋筋六丁目より大阪市バス長柄東バス停

参考文献：『淀川治水誌』武岡充忠著、淀川治水誌刊行会、1931年
『淀川百年史』淀川百年史編集委員会編、近畿地方建設局、1974年

（藤井　薫）

D-08

淀川改修紀功碑（淀川）

大阪市都島区長柄東3丁目3-25　淀川河川事務所毛馬出張所

サイズ：高さ960cm、幅340cm（基部）、花崗岩、尖塔は銅製

刻　字：「以称神禹之功」（以て神禹の功と称す）

建　立：1909（明治42）年7月　大阪官民有志　篆額高崎親章　撰文西村時彦

淀川は1868（明治元）年の大水害以来、1885（明治18）年、1889（明治22）年、1895（明治28）年、1896（明治29）年と頻繁に大洪水を生じて、大阪平野一円に大きな水害禍を発生させてきた。大阪府および地域住民は淀川改修を国に強く訴えてきた。特に、府会議員大橋房太郎はその先頭に立ち、政府首脳や内務大臣、議会に直訴をくり返した。その結果、1896年に改修計画が議会を通過成立、10年計画として開始された。しかし、大規模な工事のため土地買収や技術的困難などもあって竣工は14年後の1909（明治42）年、費用は1009万4000円にも達した。この事業の完成を

写真1　淀川改修紀功碑

ねてわずか5ヶ月で堤防復旧にいたった。復旧に尽力した大阪府権大判事関義臣の功績を賞賛し、島上郡（現高槻市島本町）ほか流域の3郡住民が協力して建てたもの。

唐崎の淀川堤防横に「修堤碑」（D-06）と並んで設置されている。

写真3　淀川堤防より見た築堤碑

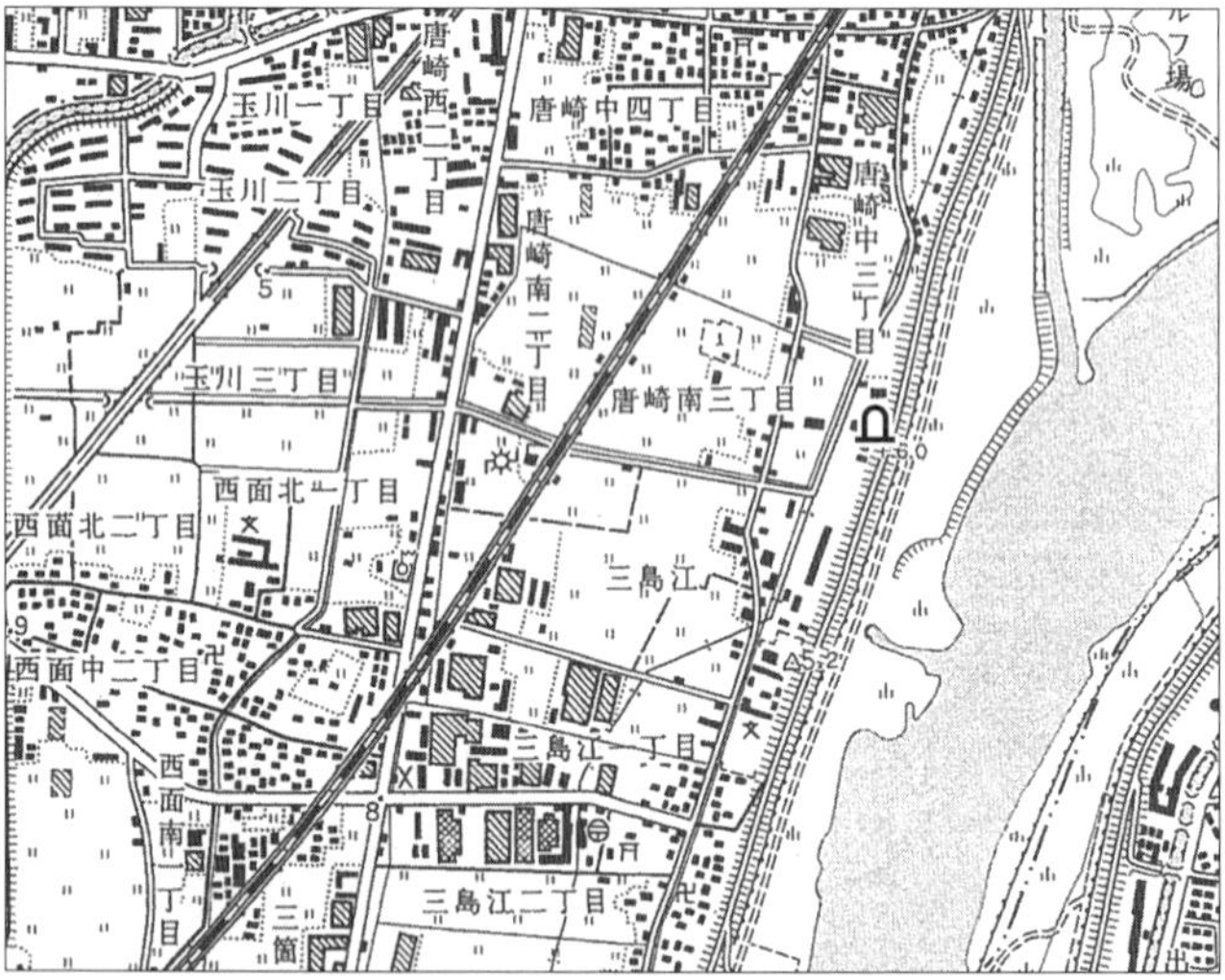

国土地理院発行25000分の1地形図（吹田）より

アクセス：JR高槻駅、阪急高槻市駅より高槻市営バス三箇牧校前下車、徒歩

参考文献：『淀川治水誌』武岡充忠著、淀川治水誌刊行会、1931年
『淀川百年史』淀川百年史編集委員会編、近畿地方建設局、1974年

（藤井　薫）

D-07

明治戊辰《ぼしん》唐崎築堤碑（淀川）

高槻市唐崎　淀川右岸堤防横

サイズ：高さ400cm　幅150cm　厚さ40cm　花崗岩

刻　字：「一片豊碑是禹廟」（1片の豊碑、是れ禹廟なり）

建　立：1890（明治23）年10月　島上、島下、西成の三郡の住民　三箇牧村長木村孫太郎ほか　篆額有栖川熾仁親王　撰文三島毅

1868（明治元）年旧暦5月に発生した淀川大洪水時に唐崎の堤防が310mにわたり決壊した。三島江地区より下流の村々は西成郡にいたるまでことごとく水の中に沈み大被害をもたらしたが、あらゆる努力を重

写真１　明治戊辰唐崎築堤碑
（淀川資料館提供）

写真２　陰碑（背面）拓本
（淀川資料館提供）

した。内務大臣山県有朋らが視察し、その堅固な様を誉めたたえたという。建立発起人の氏名を刻む石碑が脇にある。

唐崎の淀川堤防横に「明治戊辰唐崎築堤碑」（D-07）と並んで建っている。

写真３　修堤碑（右）と明治戊辰唐崎築堤碑

国土地理院発行25000分の1地形図（吹田）より

アクセス：JR高槻駅、阪急高槻市駅より高槻市営バス三箇牧校前下車、徒歩

参考文献：『淀川治水誌』武岡充忠著、淀川治水誌刊行会、1931年
『淀川百年史』淀川百年史編集委員会編、近畿地方建設局、1974年

（藤井　薫）

D-06

修堤碑（淀川）

高槻市唐崎　淀川右岸堤防横

サイズ：高さ250cm　幅200cm　厚さ20cm　緑泥片岩

刻　字：「雖大禹不過此也」（大禹といえども此れに過ぎざるなり）

建　立：1886(明治19)年7月　三島4郡下住民　篆額建野郷三、撰文土屋弘、書丹加島信成。

1885（明治18）年の大洪水により、淀川右岸の唐崎堤防が決壊、島上、島下両郡140ヶ村が水没する大被害が発生した。当時の建野郷三大阪府知事が視察し、24kmにわたる堤防補修計画を立てさせた。工事は1885年10月29日に起工、住民総出で行われた結果、翌年の3月22日に竣工

写真1　修堤碑（淀川資料館提供）

写真2　修堤碑拓本（淀川資料館提供）

三《ぞう》は、被害の拡大を防ぐため、東成郡野田村（現在の都島区網島）の堤防を切開し（「わざと切れ」）、滞留した氾濫水を淀川へ越流させた。碑は食糧の配給など救援に臨み多くの人命を救った、その果断な対応を称えるため翌1886年に建てられた。

大川（旧淀川）左岸に面する桜宮《さくらのみや》神社にあり、碑は南面し花崗岩製の石囲いで区画されている。碑基台の裏面には碑建立発起人百数十人の村名と氏名が2段にわたり刻まれている（剝落が激しい）。

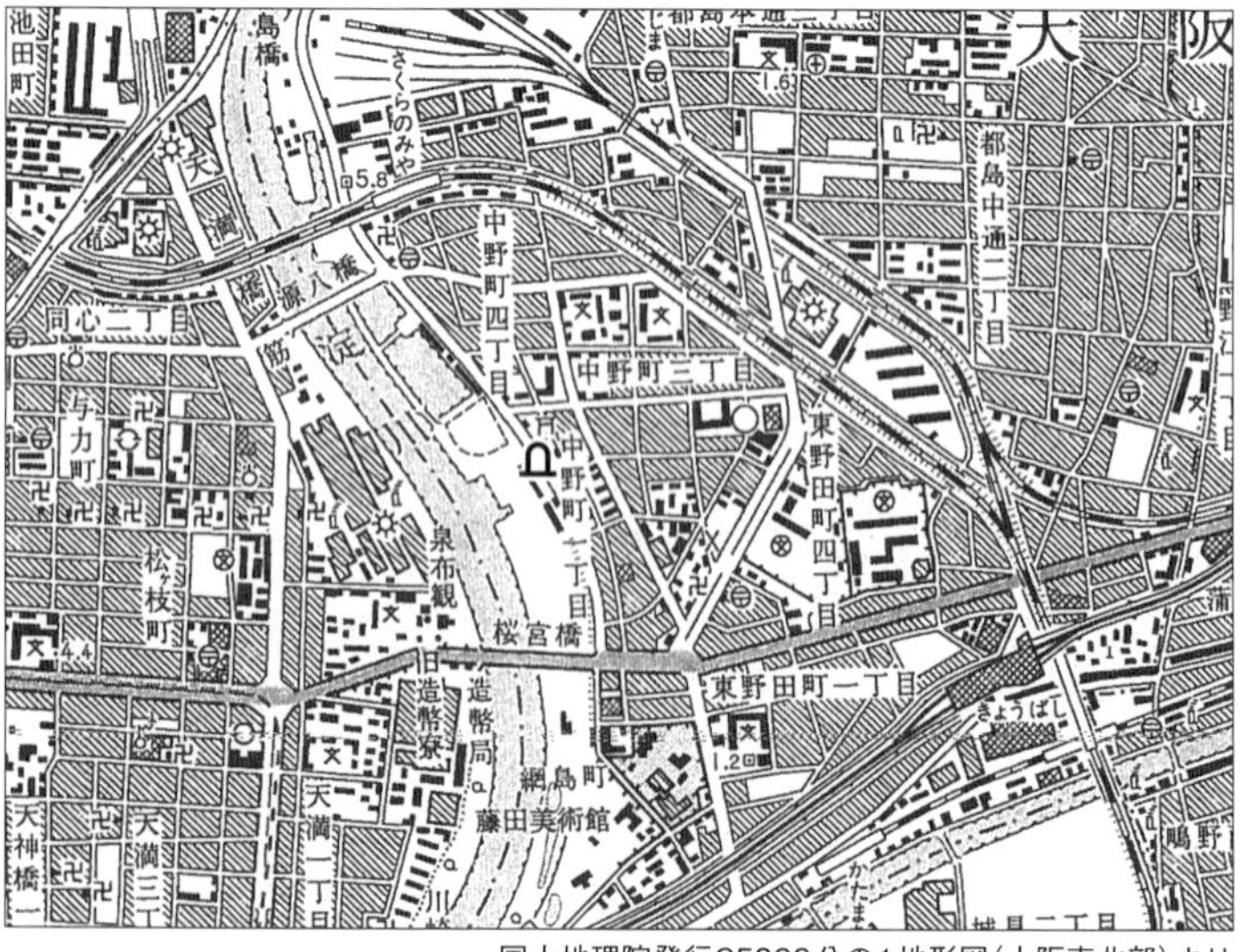

国土地理院発行25000分の1地形図（大阪東北部）より

アクセス：大阪市バス110号系統　中野町下車

参考文献：『大阪市内における建碑』川端直正編、大阪市、1960年
『淀川治水誌』武岡充忠著、淀川治水誌刊行会、1931年

（藤井　薫）

D-05

澱河洪水紀念碑銘 (旧淀川［大川］)

大阪市都島区中野町1-2　桜宮神社

サイズ：高さ300cm　幅170cm　厚さ33cm　結晶片岩

刻　字：「微伯禹人咸魚」(伯禹なかりせば、人みな魚なり)

建　立：1886(明治19)年3月　摂津・河内地区の発起人有志　篆額建野郷三　撰文菊池純

1885（明治18）年の大洪水によって現在の枚方市伊加賀《いかが》で堤防が決壊し、淀川左岸の大阪平野全般に大きな被害が出た。当時の大阪府知事建野郷《たてのごう》

写真1　澱河洪水紀念碑銘

写真2　澱河洪水紀念碑銘拓本
(淀川資料館提供)

良工事にともない碑は村内へ移され、現在は武内神社境内に安置されている。

神社本殿に向かって右側に夏大禹聖王碑と同じ大きさの南無堅牢地神碑が祀られている。毎年2月15日に地神祭が行われている。

写真３　武内（春日）神社

国土地理院発行25000分の1地形図（淀）より

アクセス：阪急電鉄水無瀬駅下車、西へ徒歩約15分

参考文献：「武内神社境内の地神碑」奥村寛純著『水無瀬野』Ⅲ-14、1992年、153～158頁
『京都の治水と昭和大水害』植村善博著、文理閣、2011年、202頁

（植村善博）

D-04

夏《か》大《たい》禹《う》聖《せい》王《おう》碑（淀川）

大阪府三島郡島本町高浜　武内神社

サイズ：高さ70cm　幅35cm　厚さ25cm　砂岩の自然石

刻　字：「夏大禹聖王」

建　立：1719(享保4)年、26代木村道信

1716（享保元）年の水無瀬川《みなせがわ》の洪水により高浜村領の淀川外島の畑が流損してしまった。その後、享保四年に外島の畑に堆積した土砂を除去している最中に巨岩が発見された。土地所有者の木村道信は水無瀬川が運んだこの巨岩に神力を感じ、二つの石に禹王と堅牢地神の名を刻んで自地に祠を建て祀ったという。それ以後、住民は水難消去と五穀豊穣を祈願するようになったということである。1897（明治30）年代の淀川改

写真１　夏大禹聖王碑（左）と堅牢地神碑（右）

写真２　拓本

ある時期に大悲閣千光寺に招かれた折のもので、この角倉了以《すみのくらりょうい》ゆかりの寺にある、林羅山撰文の「河道主事嵯峨吉田了以翁碑銘」(1630年、角倉素庵建立)末尾の漢詩に対する返歌となっている。そこには「慕其賜玄圭兮　笑彼化黄熊」(了以の父宗圭が黄熊《こうゆう》に化けて微笑んでいる)とある。中国の神話では、黄熊とは禹の父親鯀《こん》のこと。高泉の詩の「禹のような治水業績を上げげたのは誰か、古い碑に了以のことが刻まれている」とはこの千光寺の碑のことを指している。

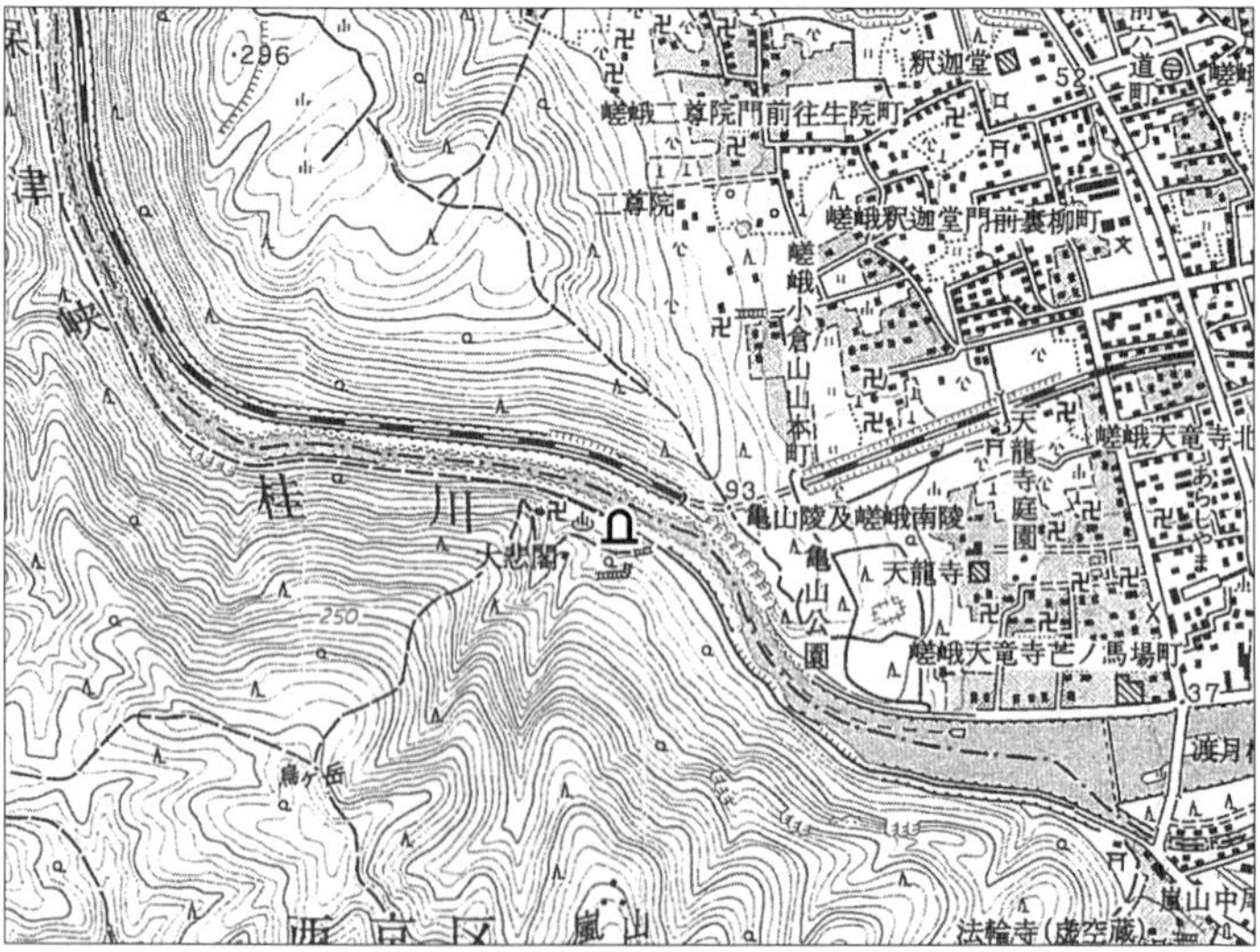

国土地理院発行25000分の1地形図(京都西北部)より

アクセス:阪急電鉄嵐山駅下車、桂川沿いを上流へ1.7km

参考文献:『角倉了以とその子』林屋辰三郎著、星野書店、1944、201頁
『中国の神話』白川静著、中央公論社、1955年、349頁
『この者、只者にあらず』中田有紀子著、致知出版社、2009年、303頁

(木谷幹一)

D-03

黄檗高泉《おうばくこうせん》詩碑（桂川）

京都市西京区嵐山元禄山町　大悲閣千光寺参道

サイズ：高さ226cm　横幅39cm　厚さ29cm　花崗岩

刻　字：「何人治水功如禹」（何人か禹の如き治水の功）

建　立：1924（大正14）年、森下博　高泉性敦撰文

本碑は、森下仁丹の創始者で当時広告王と呼ばれた森下博によって建立されたものである。大悲閣参道入口に2本の石柱に分けて「昇大悲閣」と題された七言絶句が刻まれており、左側の石柱に禹の名がある。

漢詩は、黄檗山万福寺（宇治市）の僧侶高泉《こうせん》性敦《しょうとん》が、17世紀後半の

写真1　大悲閣道入口の黄檗高泉詩碑

画が置かれていることは注目される。最初の設置は寛永18（1641）年とされており、学問に長《た》けた当時の後水尾上皇自らの選と推察される。

画題は、美酒を献上された禹が、国を預かる王たる者が酒に溺れては国を滅ぼすと自戒したという故事からとられている。

本襖絵は、春秋恒例の京都御所一般公開のさいに誰でも見ることができる。

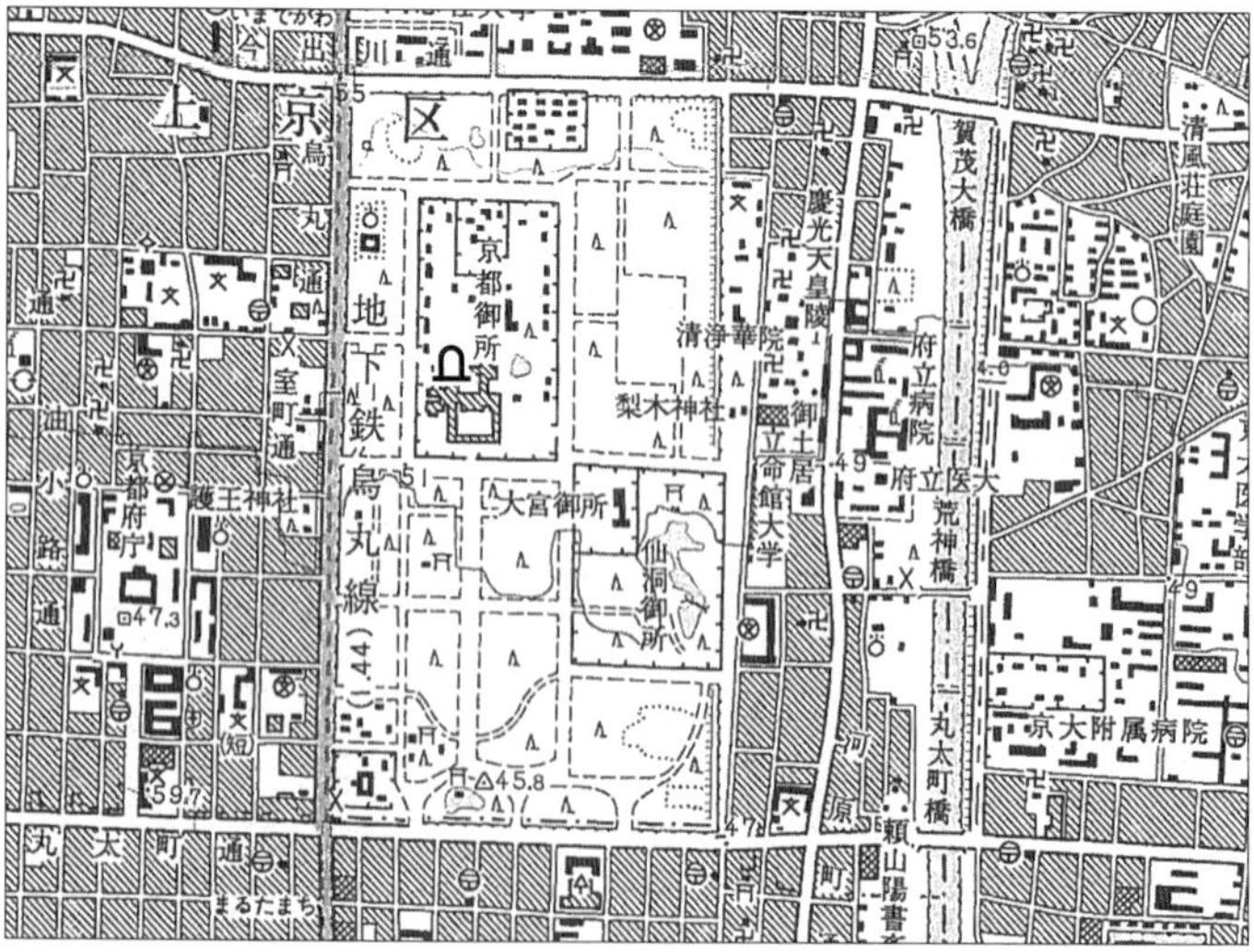

国土地理院発行25000分の1地形図（京都東北部）より

アクセス：京都市営地下鉄今出川駅より徒歩10分

参考文献：『京都御所障壁画——御常御殿と御学問所』京都国立博物館、2007年、192頁
『皇室の至宝7——障屏・調度Ⅱ』毎日新聞社、1992年

（大脇良夫）

D-02

大《だい》禹《う》戒《かい》酒《しゅ》防《ぼう》微《び》図《ず》（鴨川）

京都市上京区　京都御所　御常御殿中段の間

サイズ：不明。襖絵（6面）

刻　字：なし

製　作：1855（安政2）年　鶴沢探真画

御所再建時の安政2（1855）年に絵師、鶴沢探真《つるざわたんしん》によって描かれた襖絵である。天皇の日常生活の場である御常御殿《おつねごてん》に、聖天子としての禹王

写真1　御常御殿中段の間襖絵（6面中の3面）

ていたという記述もある。『雍州府志』(1686年)によると、安貞2(1228)年の大風雨をきっかけに防鴨河使《ぼうかし》の勢多判官為兼《せたのほうがんためかね》が建立し、五条河原にあると記す。

五条橋下(現在の松原橋下)の禹王廟は豊臣秀吉の都市改造によって解体され、その後四条橋東、現在の仲源寺西隣に建立された。室町時代末までに治水に関係のない神明社にとって代わられ、現在は存在していない。

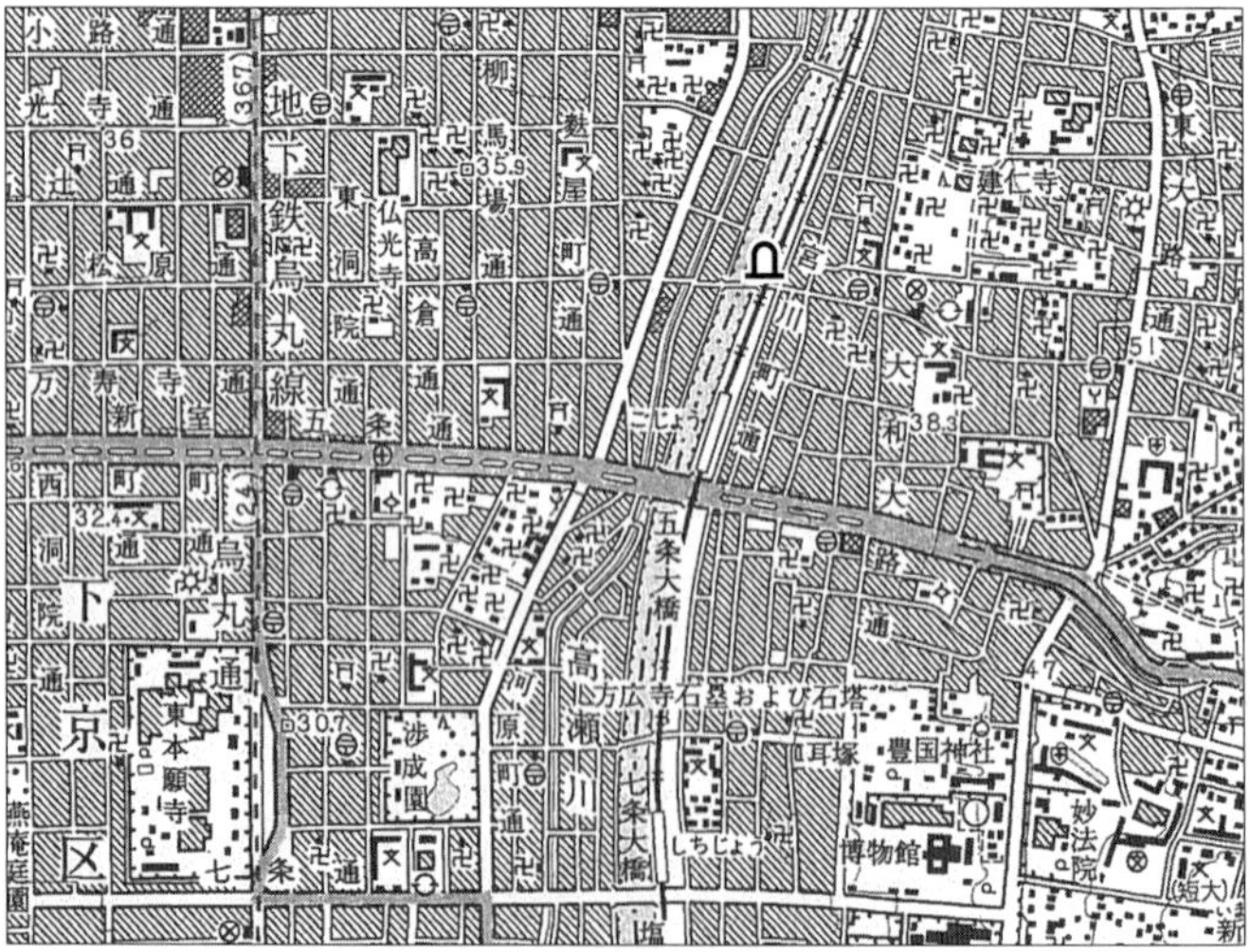

国土地理院発行25000分の1地形図(京都東南部)より

アクセス:阪急河原町駅より東へ徒歩10分/京阪祇園四条駅より徒歩5分/京都市バス四条河原町より東へ徒歩10分

参考文献:『洛中洛外の群像 失われた中世京都へ』瀬田勝哉著、平凡社、1994年
『新修京都叢書3』野間光辰編、臨川書店、1994年
「鴨川の治水神」山田邦和著、『花園大学文学部研究紀要』32、2000年
『酒匂川の治水神を考える』大脇良夫著、私家版、2007年

(渡邉佳奈絵)

D-01

禹王廟（鴨川）

京都市東山区松原橋（旧五条橋中島）／京都市東山区四条橋東詰

サイズ：現存せず

刻　字：不明

建　立：不詳

旧五条橋中島の禹王廟について、「相国寺蔭涼軒日録」長享2（1488）年5月21日の項に、五条大橋下に「夏禹廟」があると記されている。これが現在のところ日本最古の記述である。もともとは燕丹《えんたん》の廟と呼ばれ

写真1　かつての五条橋（現在の松原橋）周辺

写真２　禹王像

写真３　徳川美術館

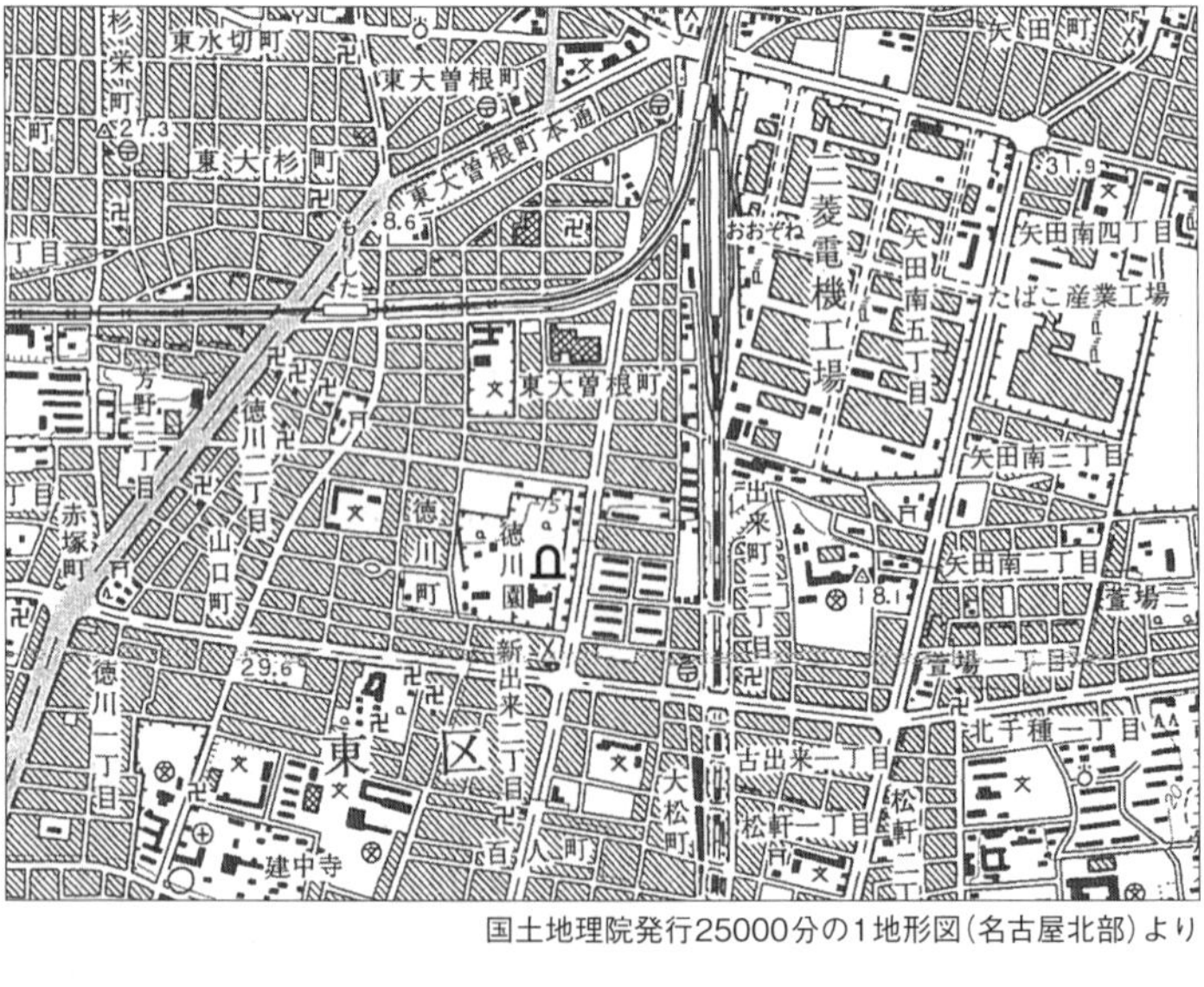

国土地理院発行25000分の１地形図（名古屋北部）より

アクセス：名古屋市営バスまたは名鉄バス「徳川園新出来」停下車、徒歩3分

参考文献：「尾張徳川家初代義直の儒学尊崇とその遺品について」山本泰一著『金鯱叢書』23輯、1996年

（水谷容子）

C-15

禹王金像

名古屋市東区徳川町　徳川美術館

サイズ：高さ19.4cm　金鍍金銅製

刻　字：「禹王像」

製　作：江戸初期(寛永年間か)　尾張初代藩主徳川義直

儒学に傾注した徳川義直が作らせたとされる金像で、古代中国の聖賢像群（5体）の金鍍金《めっき》製の1体である。寛永6（1629）年12月、林羅山が名古屋城内の聖堂「孔子堂」おいて拝礼したものと同一と考えられる。その後、尾張藩校明倫堂に移され、現在は徳川美術館が所蔵している。

寛永6年12月に林羅山が名古屋城内の孔子堂にて一連の聖像を拝礼したという史実が残っている。それによると、聖像は蒔絵塗りの厨子の中に鎮座して祀られていたようだ。

写真1　金聖像。禹王像は右端
（徳川美術館所蔵　©徳川美術館イメージアーカイブ／DNP artcom）

めの水路開削工事を水埜千之右衛門《みずのせんのえもん》（字は士惇）に命じた。この新川開削事業は天明4（1784）年から3年を要して天明7（1787）年に完成した。この治水碑は水埜千之右衛門の功績を後世に伝えるために、生前に村人が建てたもの。

写真2　水埜士惇君治水碑碑文

アクセス：名古屋駅から市バス比良新橋下車、比良新橋を渡り新川右岸堤防を東へ50ｍ

参考文献：『新川町史』清須市、2008年
『新川町史　資料編２』清須市、2007年

国土地理院発行25000分の1地形図（名古屋北部）より

（木谷幹一）

C-14

水《みず》埜《の》士《し》惇《じゅん》君《くん》治《ち》水《すい》碑《ひ》（庄内川）

北名古屋市久地野160-1　新川右岸堤防

サイズ：高さ125cm　横幅45cm　厚さ45cm　砂岩

刻　字：「銘心禹貢　委質張州」（「禹貢」を心に銘じ、まことに張州［尾張］に委《まか》す）

建　立：1819（文政2）年11月　新川沿い28ヶ村の村人　撰文樋口好古

撰文は尾張藩士で農政家の樋口《ひぐち》好古《よしふる》による。宝暦7（1757）年以降、庄内川流域の水害で困窮した村人から治水に関する嘆願書が何度も尾張藩に提出された。藩は庄内川流域の水をすみやかに伊勢湾に排水するた

写真1　水埜士惇君治水碑

西郷従道《これみち》ら政府の重鎮らが参加。その後、岐阜市内の満松館にて祝賀の宴が盛大に行われた。この徳利はその際の記念品として参加者に配られたものである。漢詩および書は元内務省土木局長西村捨三（当時大阪築港事務所長）による。

本品は名古屋市民から寄贈されたもので、木曽川文庫2階の展示室に置かれている。

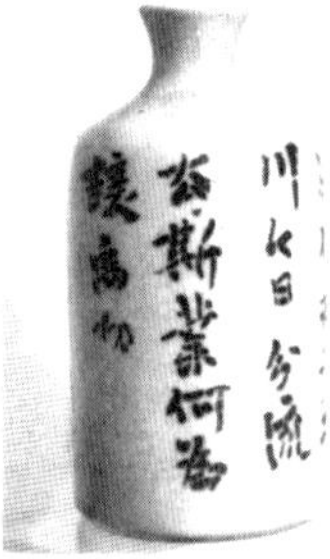

写真2　禹功徳利

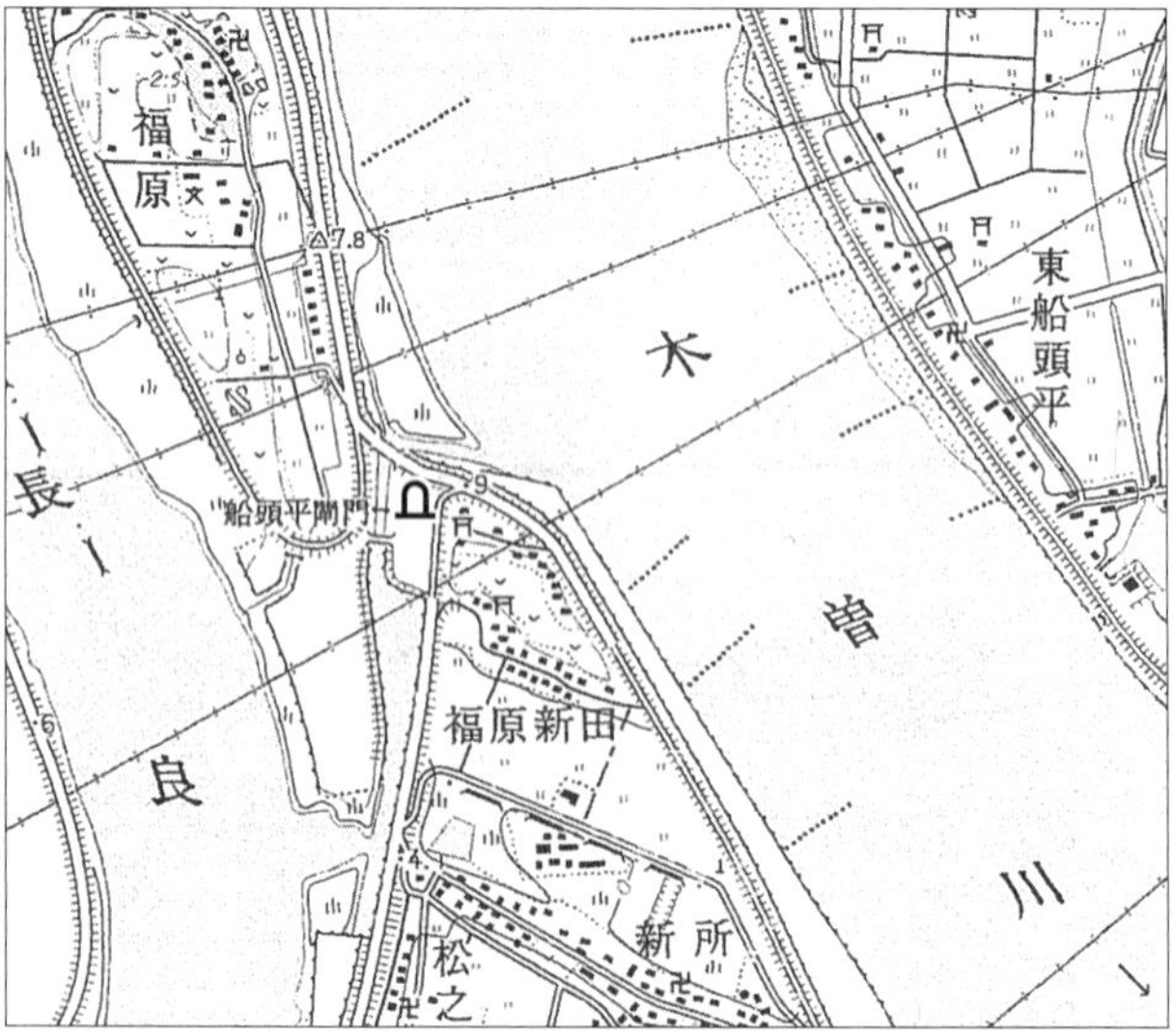

国土地理院発行25000分の1地形図(弥富)より

アクセス：東名阪国道長島ICより車で約10分

参考文献：『西村捨三翁小伝』大植寿栄一編、故西村捨三翁顕彰委員会、1957年

（植村善博）

C-13

禹功徳利（木曽川）

愛知県愛西市立田町福原　木曽川文庫

サイズ：高さ約20cm　横幅約10cm　陶器

刻　字：「斯業何為譲禹功」（この業何ぞ禹功に譲るや）

制　作：1900（明治33）年4月22日　内務省　撰文西村捨三

明治政府が威信をかけて取り組んだ木曽三川分流工事の完工記念式が1900（明治33）年4月22日、揖斐川と木曽川の分離堤である千本松原（現在の木曽三川公園）において挙行された。同時に、薩摩義士を顕彰する宝暦治水碑の除幕式も実施され、式典には総理大臣山県有朋、内務大臣

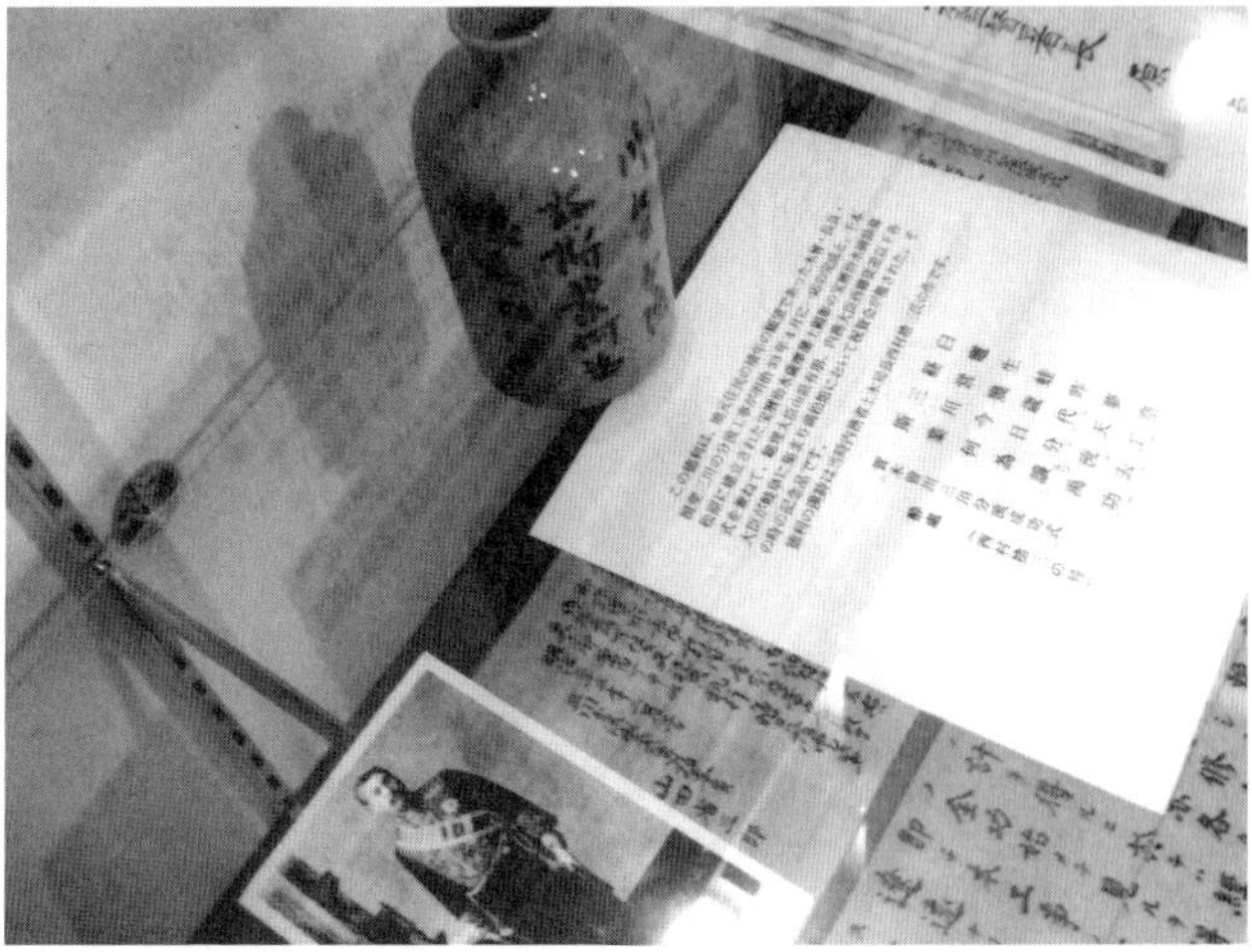

写真1　木曽川文庫の禹功徳利、左写真は西村捨三

建設省中部建設局が1952（昭和27）年に工事着工、1954年5月に現在のコンクリート製閘門《こうもん》が完成した。新閘門の完成を記念して地元の受益者団体である水害予防組合と土地改良区が碑を建立したもの。

禹功（閘）門の南約50mに碑が設置されている。

写真２　記念碑背面碑文中の「禹功門」

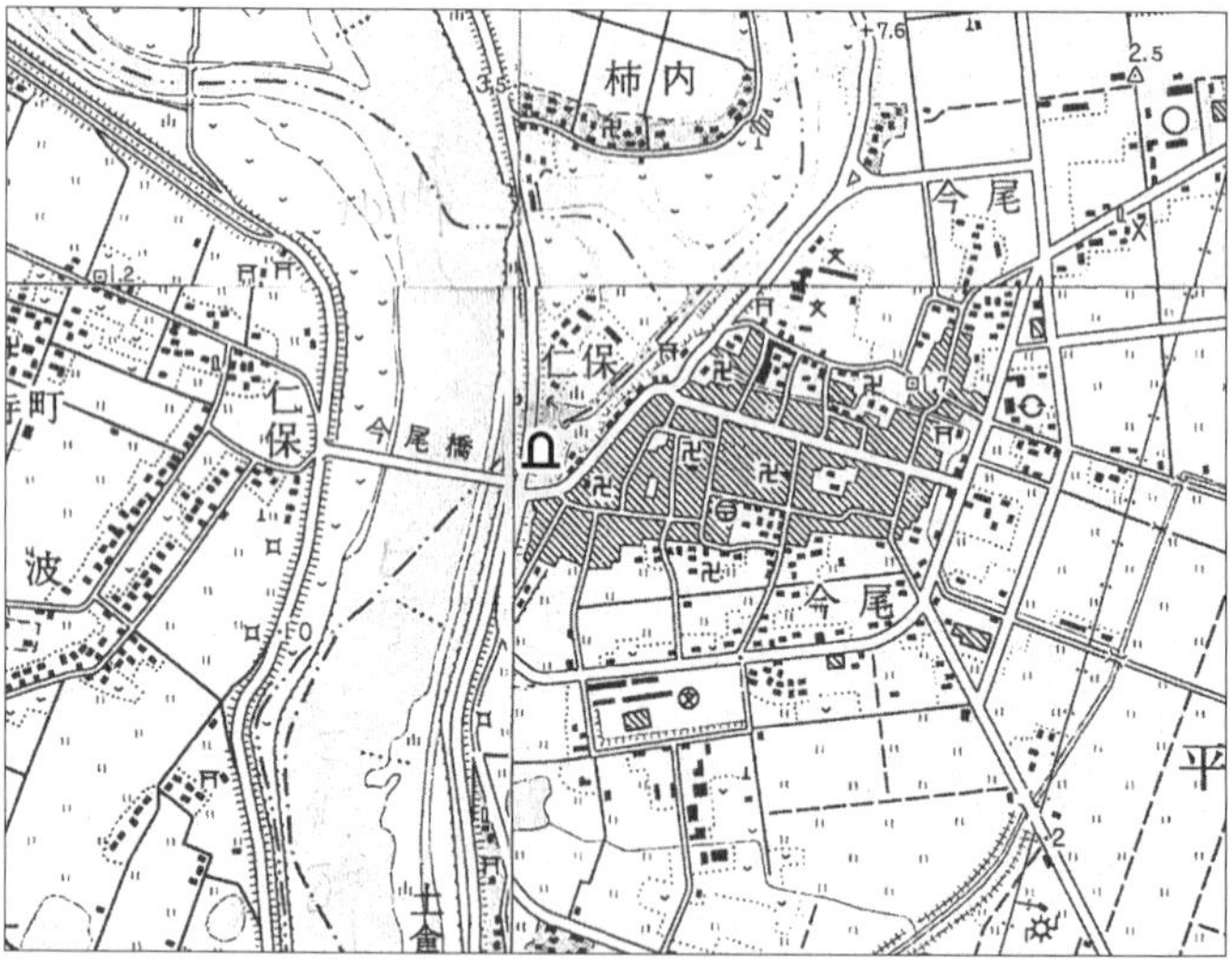

国土地理院発行25000分の1地形図（養老、竹鼻、駒野、津島）より

アクセス：名神高速道路大垣ICより車で約20分

参考文献：『輪之内町史』輪之内町、1981年
『大榑川』輪之内町、1991年

（植村善博）

C-12

大榑川《おおぐれがわ》水門改築記念碑 (旧大榑川)

岐阜県養老郡養老町大巻仁保（飛地）

サイズ：高さ200cm　幅130cm　流紋岩

刻　字：「水門を築造し禹功門と名付く」

建　立：1954(昭和29)年5月　揖斐川以東水害予防組合・福東輪中土地改良区

1903（明治36）年に完成した禹功門（C-11）は後にレンガ造りに改築されたが、1944（昭和19）年、1946（昭和21）年の東南海および南海地震時に被災した。このため、木曽川工事事務所の小西則良技官が改築を建議、

写真1　大榑川水門改築記念碑

扉が設置された。なお、増水時には県営福束排水機場が稼働するため、閘門の役割は低下している。

福束排水機場の南方に現存しており、自動操作化されている。

写真２　大榑川側から見た禹功門

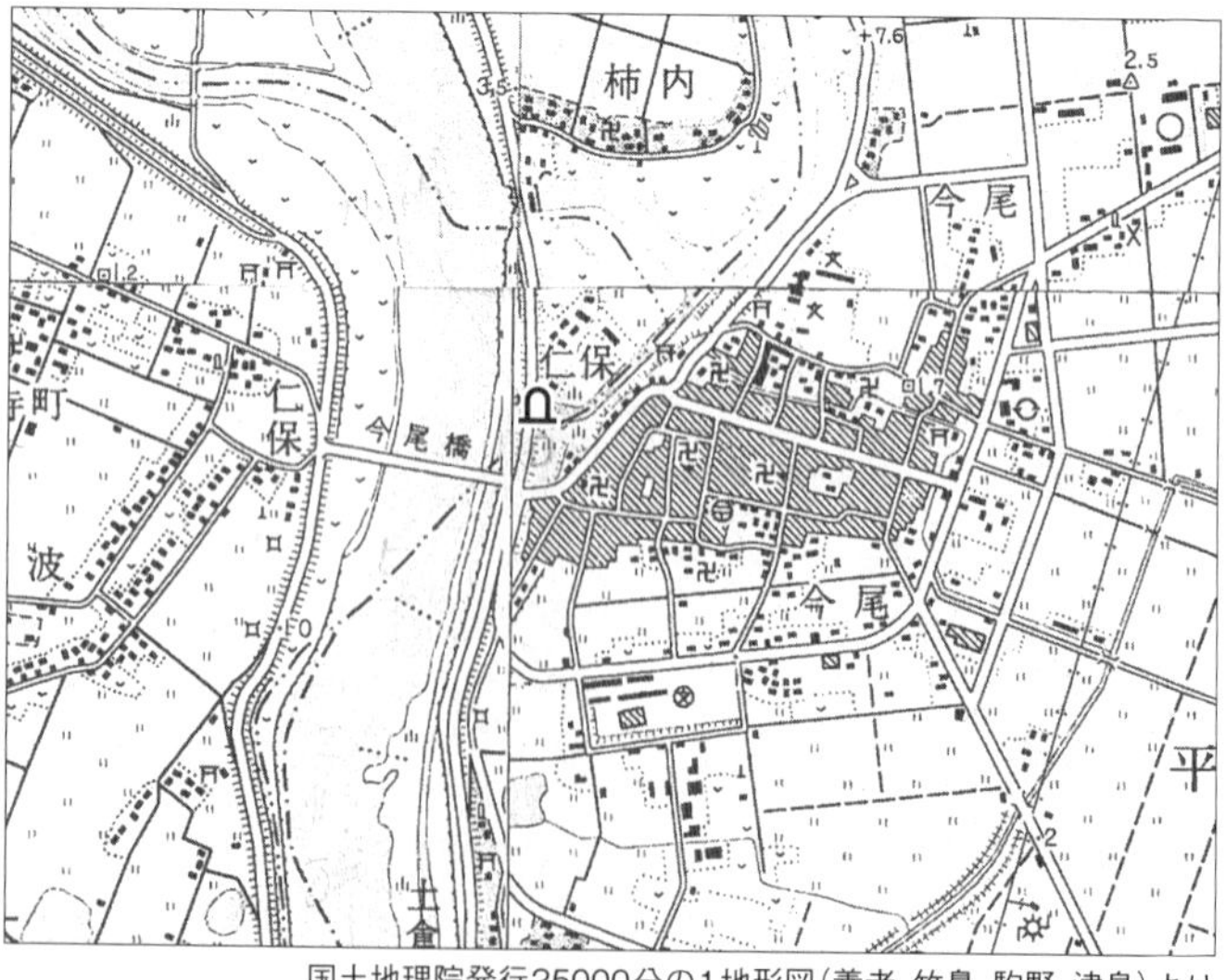

国土地理院発行25000分の１地形図（養老、竹鼻、駒野、津島）より

アクセス：名神高速道路大垣ICより車で約20分

参考文献：『輪之内町史』輪之内町、1981年
『大榑川』輪之内町、1991年

（植村善博）

C-11

禹功門（旧大榑川）

岐阜県養老郡養老町大巻仁保(飛地)　揖斐川左岸堤防

サイズ：横約15m　高さ約7m　コンクリート製

刻　字：なし

建　立：1903(明治36)年8月　内務省

明治政府による木曽川下流改修第二期工事において、1899（明治32）年に長良川右岸の新堤防が築造された結果、長良川の一分流であった大《おお》榑《ぐれ》川が締め切られて廃川化してしまった。このため、福束輪中《ふくつかわじゅう》の悪水を揖斐川へ排水するため逆流防止を兼ねた閘門《こうもん》が1903（明治36）年8月に完成し、「禹功門」と名づけられた。しかし、1921（大正10）年4月の改修工事中に老朽化のため決壊し輪中低地が浸水してしまったため、のちレンガ造りに改築された。現在の閘門は1954（昭和29）年にコンクリート製に全面改築されたもの。1988（昭和63）年には自動開閉式の二重

写真1　揖斐川側から見た禹功門

たという。一時は廃れて放置されていたが、近代になり再び祀られて毎年お祭りが行われるようになった。

毎年５月14日、鹿野上《かのかみ》地区と同下《しも》地区が１年交代で仏式のお祭りを行っている。2004（平成16）年、軸装を新調、祠堂も全面改築された。

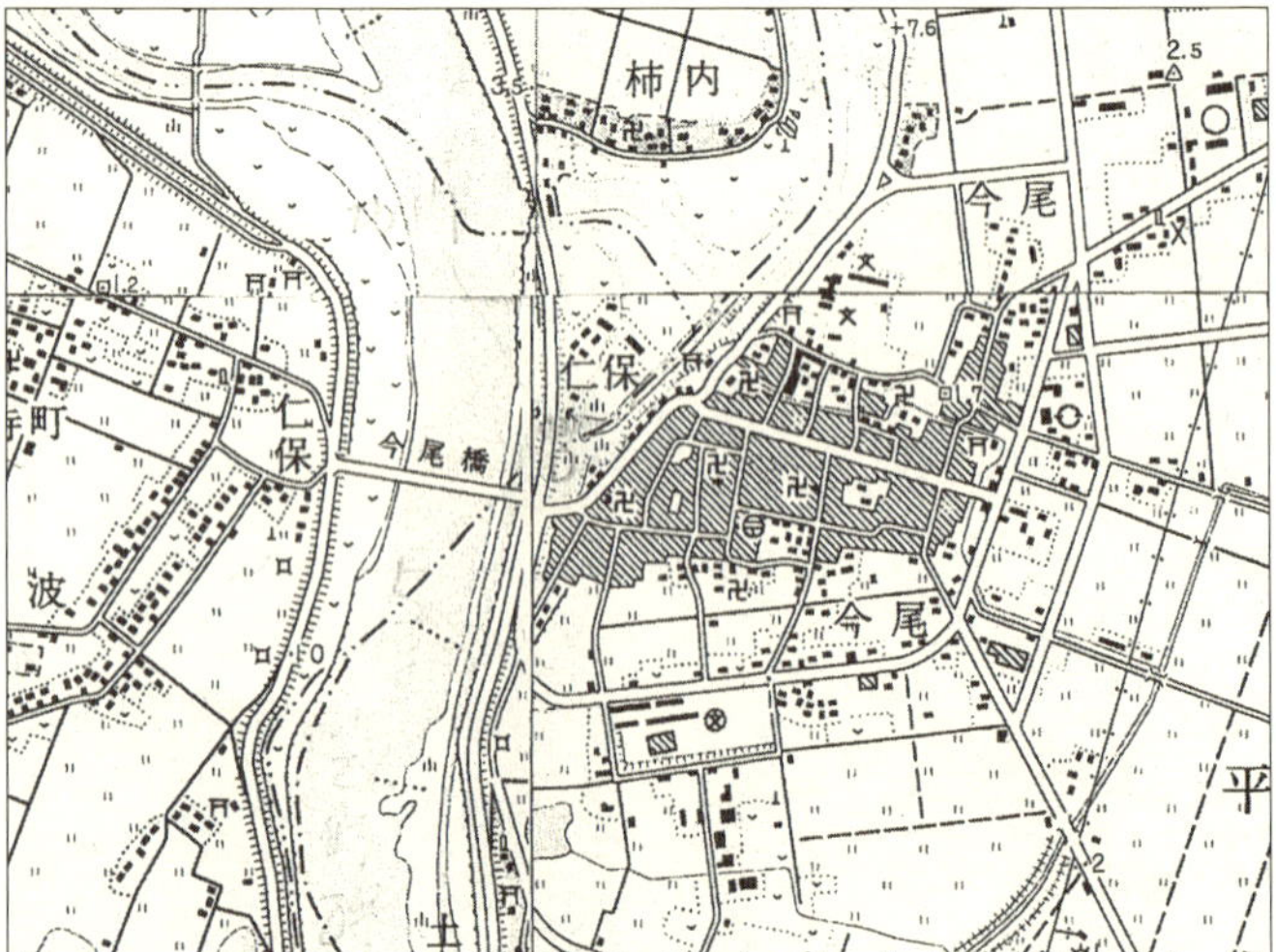

国土地理院発行25000分の1地形図(津島)より

アクセス：海津市コミュニティバス鹿野中下車、徒歩約10分
参考文献：『海津のむかし話』海津郡教育振興会、1987年、44頁

（水谷容子）

C-10

大禹王尊掛軸（揖斐川）

岐阜県海津市海津町鹿野

サイズ：高さ57cm　幅21cm　（軸装）

刻　字：「大禹王尊」

制　作：江戸時代末期　松平義建

言い伝えによれば、高須藩主の屋敷に出入りしていた植木職人が、十代藩主松平義建《よしたつ》より五穀豊穣祈願のため巻物を与えられ、自分の屋敷に祠《ほこら》を建てて祀ったところ家が栄えたため、村中が信仰するようになっ

写真1　大禹王尊掛軸

写真2　大禹王尊祠堂

毎年10月第２日曜日に、田鶴地区の神明神社と八幡神社の氏子が共同で禹王祭りを行っている。

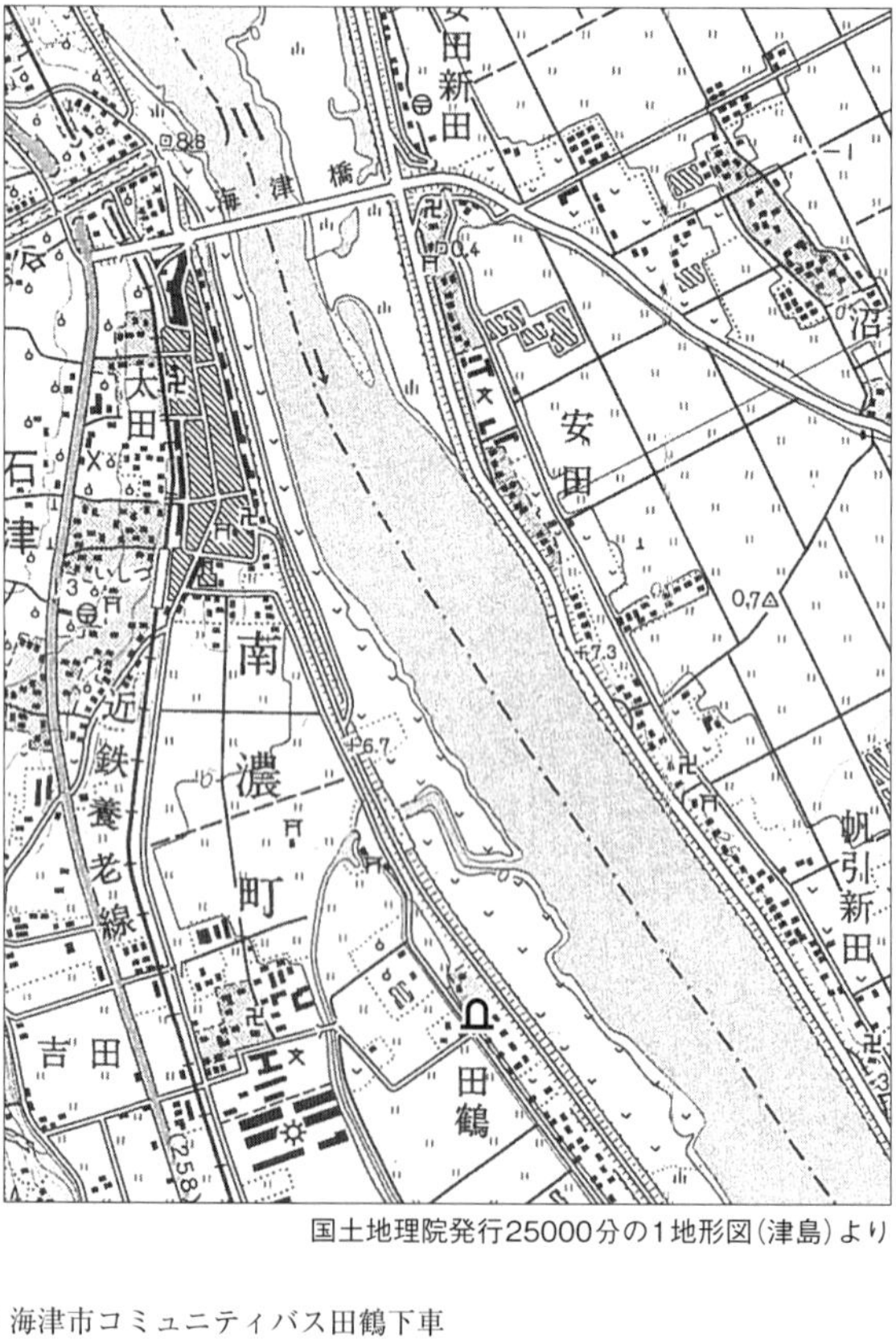

国土地理院発行25000分の１地形図（津島）より

アクセス：海津市コミュニティバス田鶴下車

参考文献：「田鶴の『禹王さん』」水谷稔著『濃飛の文化財』34号、1994年、岐阜県文化財保護協会、26～31頁

（水谷容子）

C-09

「禹王さん」（揖斐川）

岐阜県海津市南濃町田鶴　和合館横

サイズ：高さ250cm　幅21cm　奥行き80cm　花崗岩製の脚（大神宮と刻む）の上に木製の灯明を置いたもの。

刻　字：なし

建　立：江戸期、田鶴地区の住民

揖斐川の破堤によりできたとされる池（おっぽり）の近くの堤防上に設置されていた灯籠を「禹王さん」と呼び、地元では水害から家や田畑・生命を守り豊作を祈願する水神として信仰していた。一説に、江戸時代の宝暦治水工事の功労者である平田靱負《ゆきえ》を密かに祀るための象徴だと古老が言い伝える。揖斐川堤防の改修工事に際して堤防下の現在地に移された。10月の祭礼時には提灯を吊るし近隣より多くの人が集まる。

写真1　田鶴の燈籠「禹王さん」

賛を記し、領内の４ヶ所へ安置した。同時に、木彫りの禹王像（C-07）を高須城下の寺院に下賜された。現在、高須町萱野の願信寺ともう１ヶ所に掛軸の所在が確認できる。

秋江地区については、現在も10月中旬に祭祀が行われている。

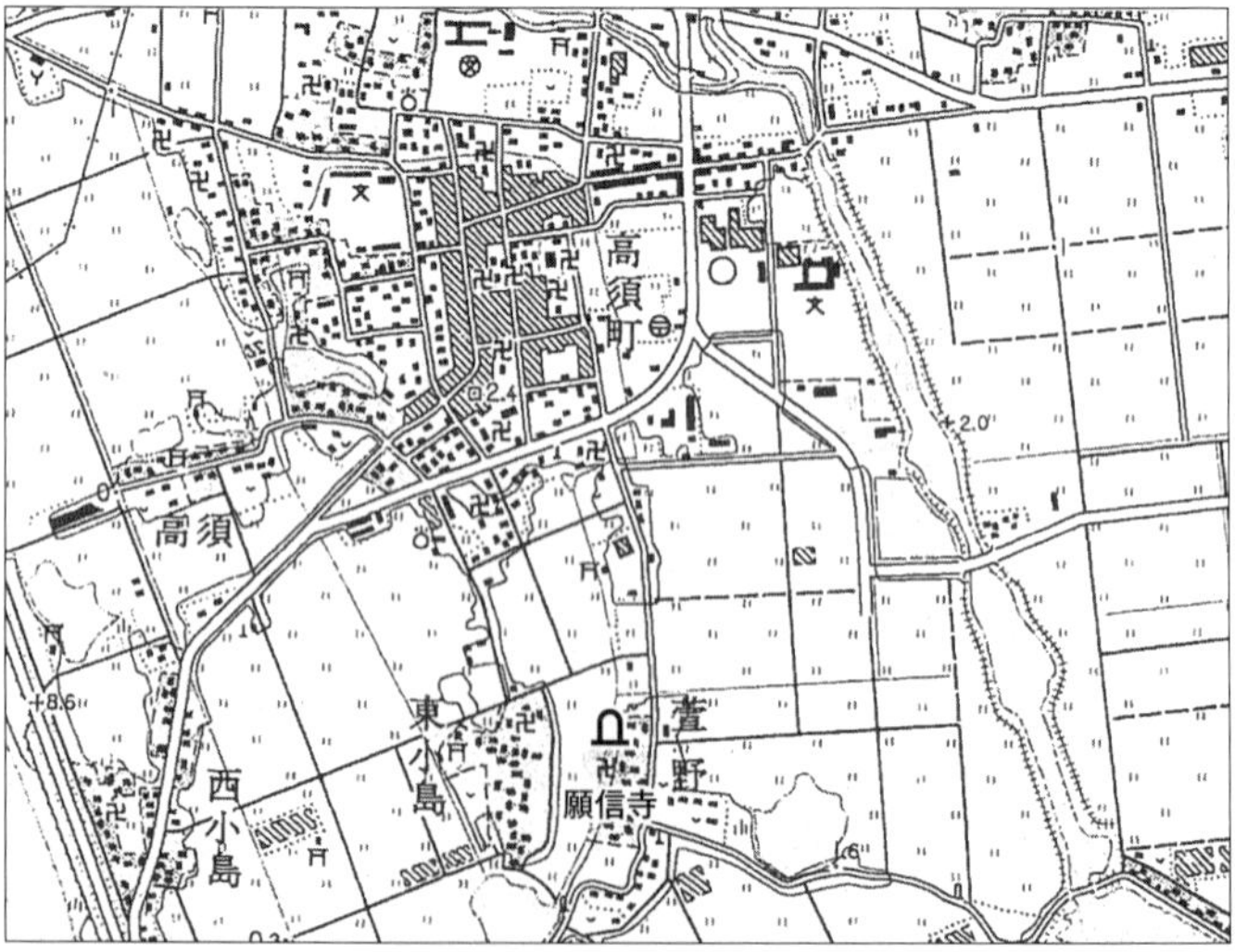

国土地理院発行25000分の1地形図（津島）より

アクセス：海津市コミュニティバス萱野下車または秋江下車
※ただし一般公開はしていない。

参考文献：『美濃高須十代藩主松平義建』海津市歴史民俗資料館、2009年
「諸事留書」（個人蔵）江戸後期
『新郷土海津――かわりゆく輪中と扇状地』文渓堂、1978年、155～158頁

（水谷容子）

C-08

禹王像画掛軸（揖斐川）

岐阜県海津市海津町　秋江地区内の寺院／同町萱野　願信寺

サイズ：縦99cm　幅32cm　２幅

刻　字：なし（高須十代藩主松平義建の賛と年号がある）

制　作：1837（天保８）年　画宋紫岡　賛松平義建

たび重なる水害に悩む領民のため、江戸在住の美濃高須藩十代藩主松平義建《よしたつ》が尾張藩絵師宋紫岡《そうしこう》に命じて描かせた禹王像の掛軸である。自ら

写真１　厨子に入れられた掛軸（秋江）

写真２　禹王像画右上に義建の賛がみえる

４幅の禹王画像（掛け軸：C-08）も下賜され、領内の４ヶ所に安置したという。

天保14（1843）年、藩主が在国した折の記録には、旧暦８月28日を祭礼日と定め、年ごとに城下のそれぞれの町組が順に受け持って祭りを催したとある。近代には城下の諦観院（法華寺）の境内に作られた堂に安置され、折々に参拝者があったという。現在は海津市歴史民俗資料館に保管されている。

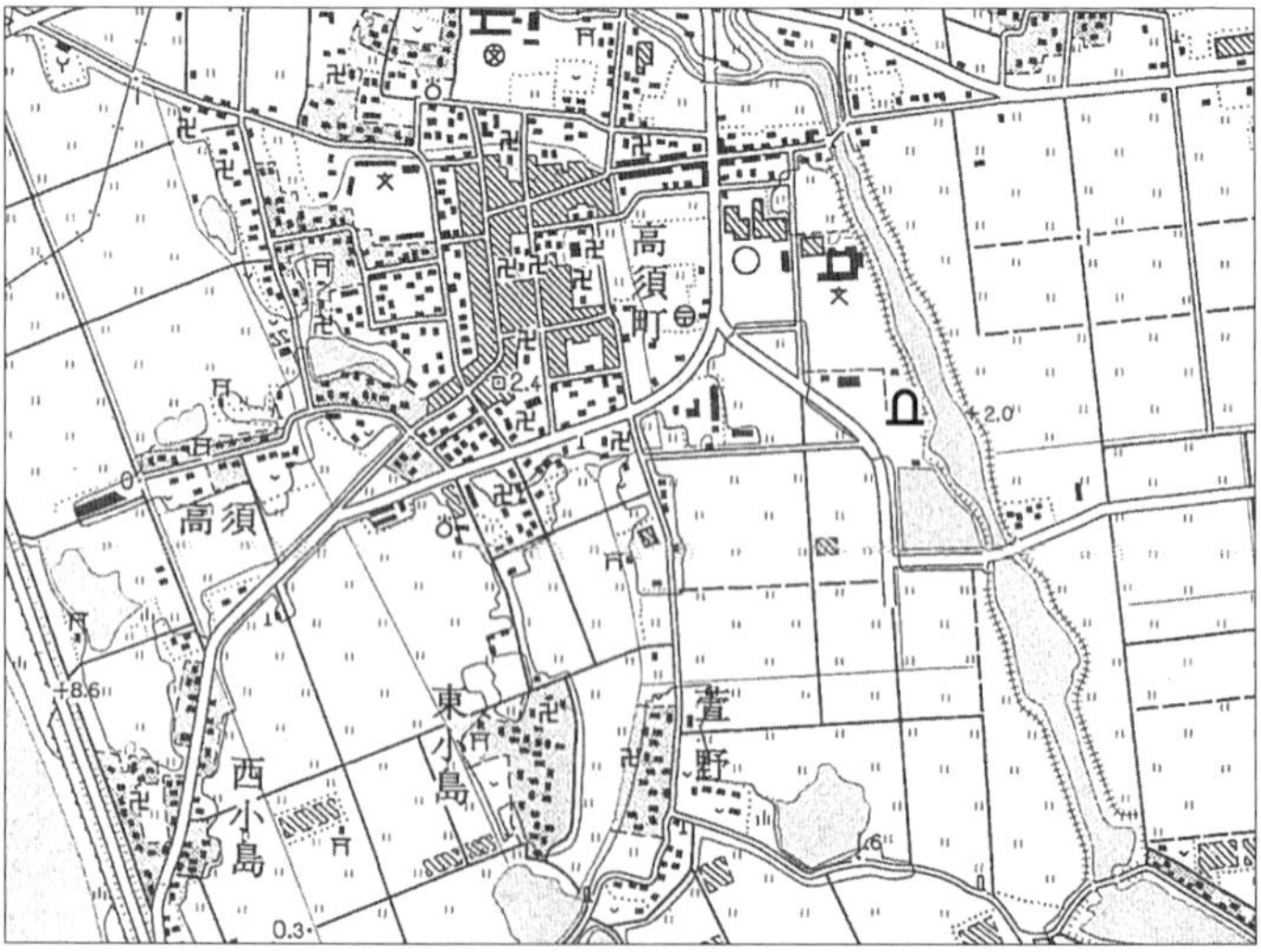

国土地理院発行25000分の１地形図（津島）より

アクセス：海津市コミュニティバス歴史民俗資料館下車

参考文献：『美濃高須十代藩主松平義建』海津市歴史民俗資料館、2009年
「諸事留書」（個人蔵）江戸後期
「十かえりの記」（個人蔵）1843年

（水谷容子）

C-07

禹王木像（揖斐川）

岐阜県海津市海津町萱野　海津市歴史民俗資料館

サイズ：高さ34cm　幅14cm　木製

刻　字：なし（背面に松平義建の花押あり）

制　作：1838（天保9）年　松平義建

写真1　禹王木像

写真2　禹王木像背面

（海津市歴史民俗資料館提供）

たび重なる水害に悩む領民のため、江戸在住の美濃高須藩十代藩主松平義建《よしたつ》が自ら制作して高須城下の寺院へ下賜された木像である。同時に

建碑当初の場所は不明であるが、現在は和田家墓地の中に置かれている。二段の台座の上に自然石の形状を活かした碑が東向きに建っている。正面は野村藤陰の撰文および篆額、北面には有志者38名および石工の名、南面には苗字帯刀を許可した下達文が刻まれている。

写真2
和田光重之碑側面

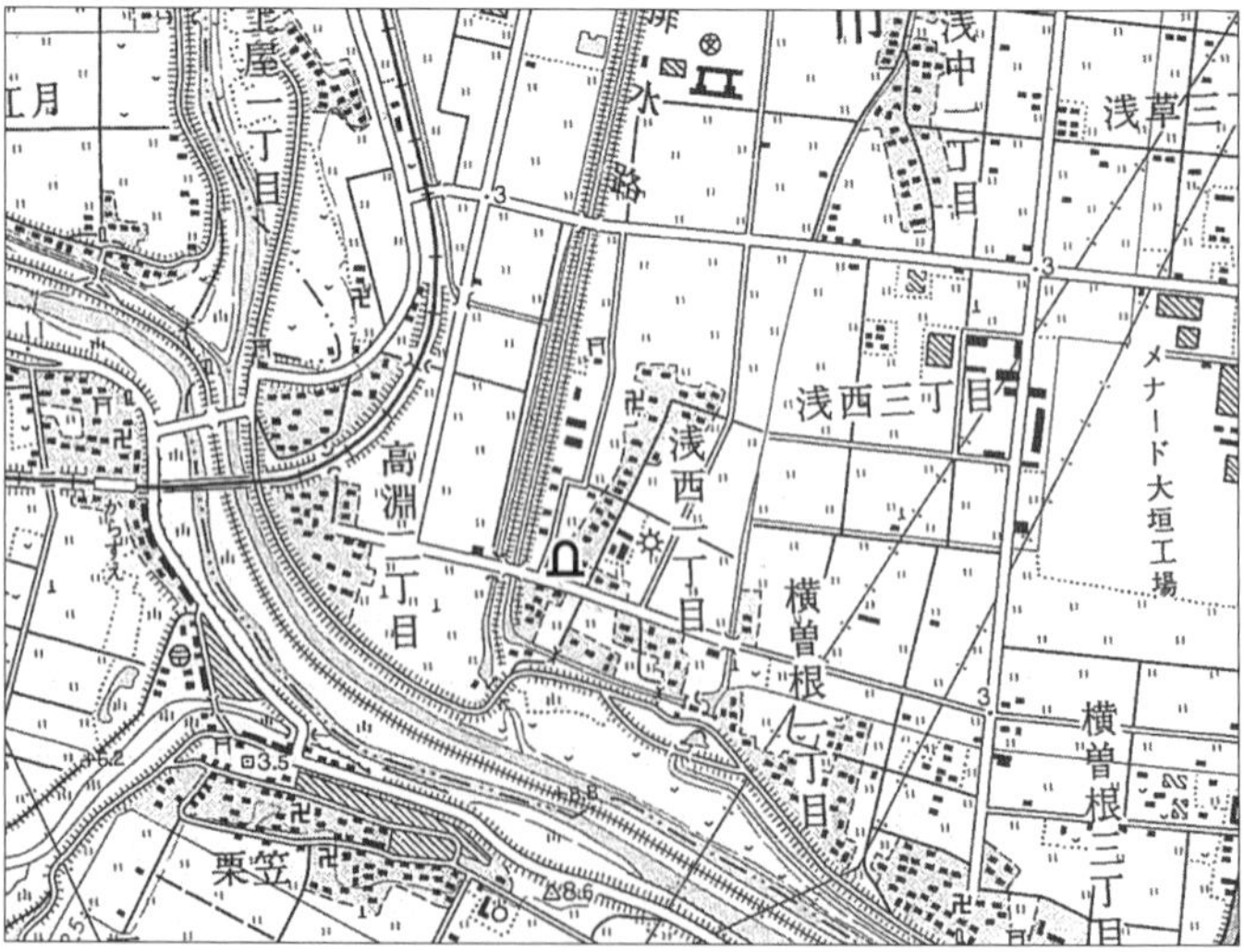

国土地理院発行25000分の1地形図（養老）より

アクセス：名阪近鉄バス横曽根下車、徒歩15分

参考文献：『新修 大垣市史　輪中編』大垣市、2008年、69～79頁
『岐阜縣下碑文集　漢文之部』岐阜県郷土資料研究協議会、1987年、32～36頁
『郷土大垣の輝く先人』大垣市文教協会、1994年、376～379頁

（水谷容子）

C-06

和田光重之碑（揖斐川水系牧田川）

岐阜県大垣市浅西一丁目　和田家墓地

サイズ：高さ160cm　幅70cm　奥行き52cm

刻　字：「禹維昔夏后　平此水土　和田氏功　追蹤神禹」
（禹これ昔夏后、この水土を平かにす。和田氏の功、神禹に追従す）

建　立：1879(明治12)年　和田昭成ほか有志　篆額・撰文野村藤陰

揖斐川の支流牧田川に沿う大垣市浅西地区は浅草輪中《わじゅう》の南端にある。和田氏は江戸時代より浅西村の名主を務めた家柄で、５世光重は低湿な土地を改良すべく奔走、１年がかりで荒廃した田を蘇らせたという。その功績が大垣藩主や幕府に認められ、褒賞を与えられ苗字帯刀が許された。玄孫（曽孫？）和田昭成は、有志者を募ってその遺徳を讃える碑を建てた。碑文および銘は、旧大垣藩士で藩校致道《ちどう》館の督学などを歴任した野村藤陰の撰によるもの。

写真１　和田光重之碑

翁顕彰碑が建っている。

篆額は農商務大臣、内務大臣、内大臣を歴任した平田東助。漢文で書かれた碑文は福井県県会議員の土生彰によるもので、禹王の治水の功績に匹敵する継体天皇の治績から1100年を経たこの大工事の経緯の詳細を述べている。

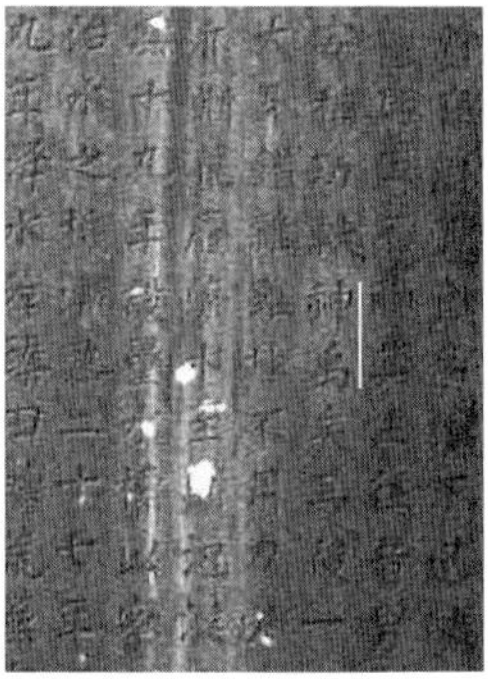

写真2
碑文にみえる「神禹」の文字

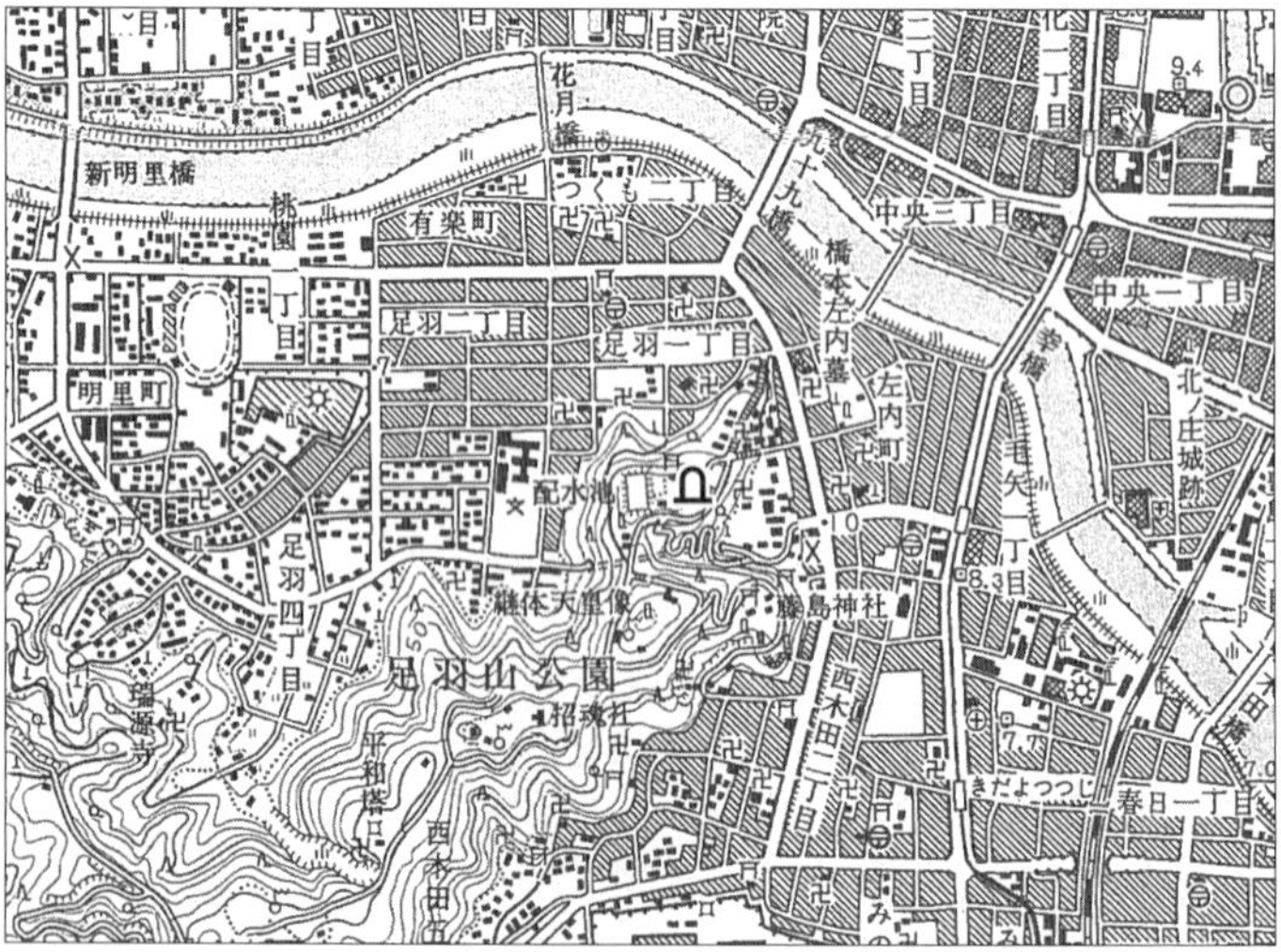

国土地理院発行25000分の1地形図（福井）より

アクセス：福井鉄道公園口駅下車　西へ徒歩30分

参考文献：『足羽山の主な史跡と墓碑石』福井市立郷土歴史博物館、1988年
『明治工業史（土木編）』工学会、1929年

（関口康弘）

C-05

九《く》頭《ず》龍《りゅう》川《がわ》修《しゅう》治《ち》碑（九頭竜川水系足羽川）

福井県福井市足羽上町　足羽神社境内

サイズ：高さ560cm　横幅215cm　厚さ30cm

刻　字：「称功軼神禹矣」（功を称して神禹を軼《すぐ》る）

建　立：1912（明治45）年　篆額平田東助　撰文土生彰　書近藤直一

福井県下最大の河川である九頭竜川は有史以来、福井平野で氾濫を繰り返してきた。明治政府は直轄事業として九頭竜川治水事業を実施し、1900（明治33）年から日野川、足羽川《あすわがわ》ほか支流を含む大規模な改修工事が始まった。築堤総延長は80.8kmに達する大事業で、工事費381.1万円、約11年を要して1911（明治44）年に完成した。この事業の竣工を記念して、九頭竜川治水に尽力したと伝わる継体天皇と関係の深い足羽神社境内に翌1912年に建立された。この工事に最も深く関係した杉田定一は、青年期に自由民権運動で活躍し、のち衆議院議員、同議長までつとめた政治家で、九頭竜川ばかりではなく、日野川、足羽川の治水にも尽力した。そのため福井市西藤島には治水謝恩碑が、福井市菖蒲谷町には杉田定一

写真１　九頭竜川修治碑（足羽神社提供）

年に終わる。その後工事は下流域へと進み、1935（昭和10）年に完成した。

背面の碑文は、郷土有志の尽力を称えるもので、百年の大計を樹つというべきであるとし、中国の聖人禹の大功に等しいと締めくくっている。

上流から運ばれてきた巨石を台座にして碑が建てられ、鉄柵で囲われている。祭りなどは行われていない。

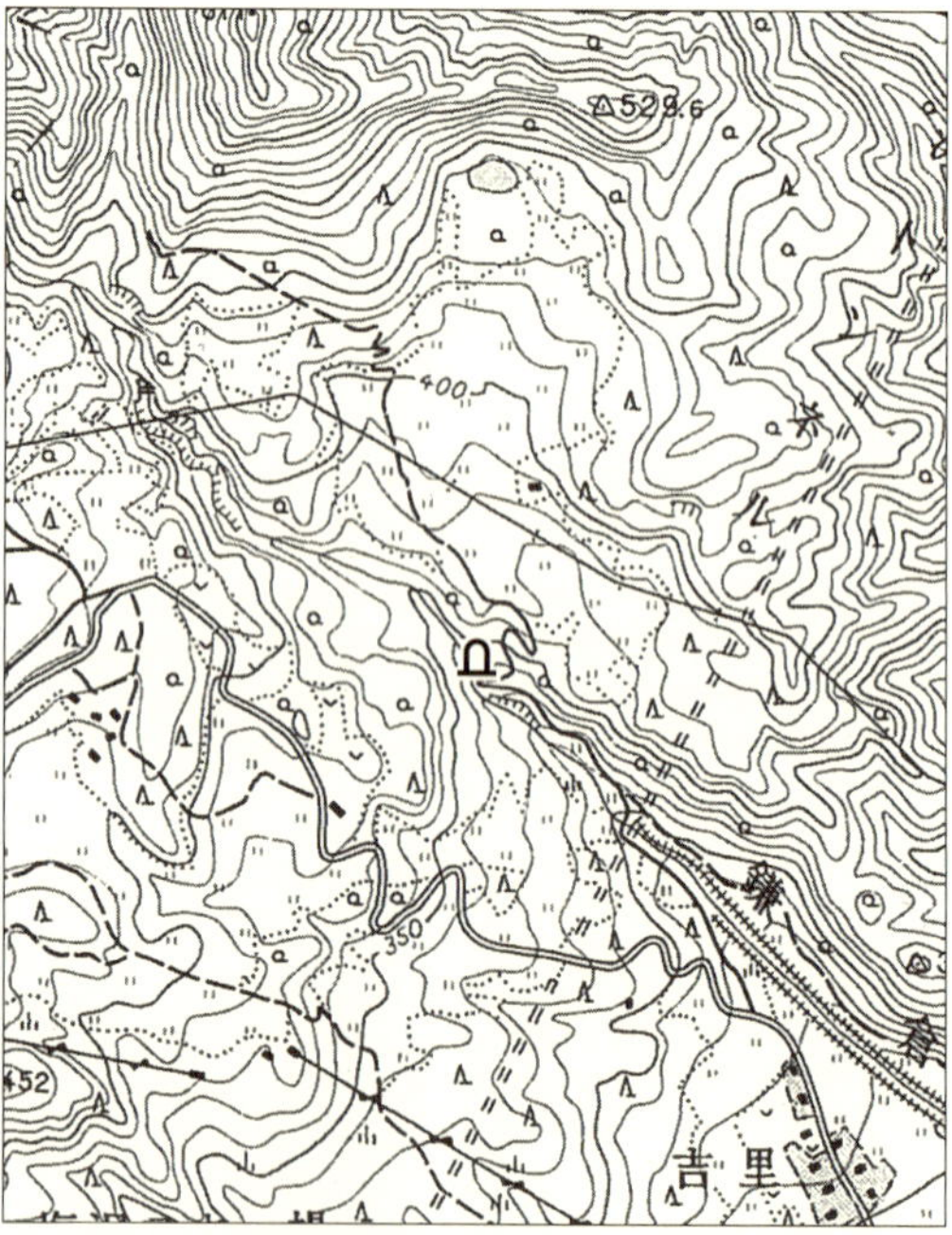

国土地理院発行25000分の1地形図（鎌倉沢）より

アクセス：JR塩沢駅より北西4.5km
参考文献：『塩澤町誌［復刻］　第3巻』塩沢町教育委員会、1983年

（大井みち）

C-04

砂防記念碑（魚野川）

新潟県南魚沼郡塩沢町　鎌倉沢河岸

サイズ：高さ220cm、 幅90cm　厚さ40cm

刻　字：「開荒成田　禹績豹功垂」（荒を開き田と成す。禹績豹功垂れる）

建　立：1936（昭和11）年　魚沼町有志

鎌倉沢上流は土質が脆弱で地層は滑りやすく、土砂流出は頻繁であった。豪雨のたびに災害が起こり、堤防が切れることも頻繁であり、住民の苦しみは言い表すことができないほどであった。有志が県会に嘆願し、県営工事が始まったのは1927（昭和2）年。上流の工事は1931（昭和6）

写真1　砂防記念碑（正面）

写真2　砂防記念碑碑文（背面）

この経過を聞いた上人が、禹の事業に勝るとも劣らない大事業であり、事業に従事した人々の治水への一途な気持ちに感動して詠んだもの。

信濃川本川と日本海に向けた分水路の分流点から150 mほど日本海側の大河津分水公園内の堤防上（分水路可動堰横）に建っている。

写真2　背面には、建立者らの名前が刻まれている。

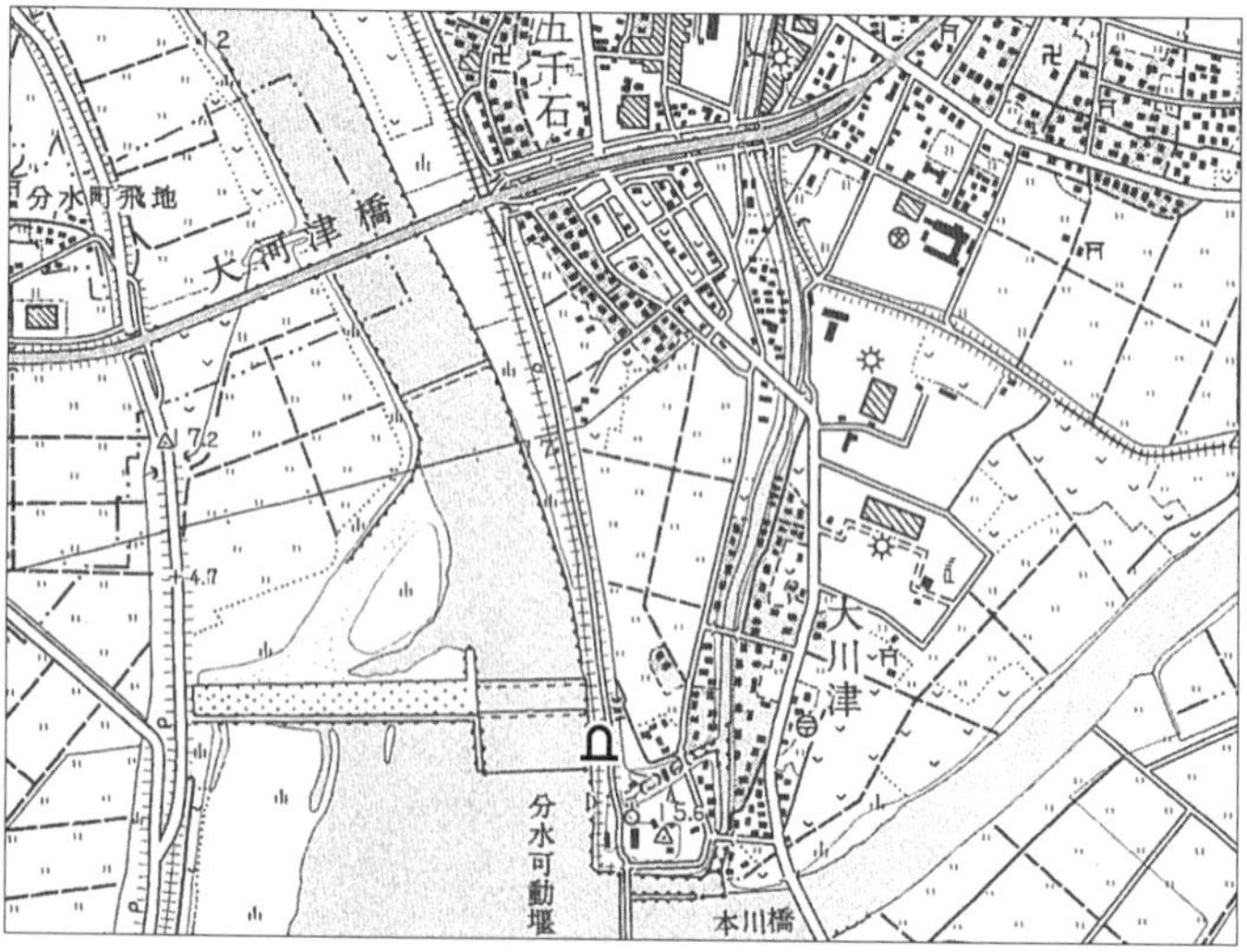

国土地理院発行25000分の1地形図（寺泊）より

アクセス：JR越後本線分水駅より北へ4 km、車で約5分

参考文献：『大河津分水双書』五百川清編、社団法人北陸建設弘済会、2006年
『信濃川下流治水歴史地図』国土交通省北陸地方整備局信濃川下流河川事務所、信濃川大河津資料館展示品

（大井みち）

C-03

句仏上人句碑《くふつしょうにん》（信濃川）

新潟県燕市大河津　大河津分水公園内

サイズ：高さ250cm　横幅95cm　厚さ15cm

刻　字：「禹に勝る　業や心の花盛」

建　立：1928（昭和3）年春　受益者有志建立

1928年、大河津分水を訪れた東本願寺第23代法主大谷光演、通称「句仏上人」の句碑である。

分水路掘削請願に始まった分水路構想は、享保年間にさかのぼる。信濃川が最も日本海に近づく大河津付近から約10kmの人工水路を掘って洪水を分水する案を幕府に願い出たのが分水構想の始まりである。その後、多くの地元民による分水着工運動は約200年間も続いた。政府が分水路工事に着手したのは、1896（明治29）年に発生した「横田切れ」と言われる未曾有の大洪水の後、1909（明治42）年のことである。地すべりや通水後の自在堰の陥没などの困難を乗り越えて、延べ一千万人の労力と22年間の歳月をかけた大工事だった。

写真1　句仏上人句碑

したため、1983（昭和58）年に新たに石碑と祠が建立された（昭和の水天宮）。1993（平成5）年、流失した嘉永水天宮の石碑が親水公園造成工事中に川底から再発見され、昭和水天宮の近くに安置されている。

写真2　禹余堤のものと思われる大石

国土地理院発行25000分の1地形図（下市田）より

アクセス：JR飯田線高森駅より徒歩20分／中央自動車道松川ICより車で15分

参考文献：『惣兵衛川除』市村咸人著、建設省中部地方建設局天竜川上流工事事務所、1991年

（大邑潤三）

C-02

禹余堤《うよけてい》・禹余石《うよけいし》（天竜川）

長野県下伊那郡高森町下市田

サイズ：不明

刻　字：なし

建　立：1752（宝暦2）年　中村惣兵衛

禹余堤と名づけられた堤防で、その一部が現存している。旧堤防が脆弱であったために、飯田藩主堀親長の命により中村惣兵衛を現場監督とし、約3年をかけて堅牢な堤防が築かれた。宝暦2（1975）年の完成からおよそ40年後に建碑が計画され、その銘文として親長が記した「下市田邑堤防之御銘」には、「禹余石を本として河の流れにしたがって斜めに堤防を築き、河の神を祭祀して禹余堤と名づけた」とある。その後、補修されながら200年以上この地を守りつづけてきたが、1961（昭和36）年の「三六《さぶろく》災害」で決壊、現在は一部が残るのみである。禹余堤と対をなす禹余石は確認できない。地元では惣兵衛堤防の名で親しまれている。

写真1　禹余堤（惣兵衛堤）

築堤から約百年後の嘉永3（1850）年、中村惣兵衛の偉業を讃えるために水天宮（嘉永の水天宮）が建立された。しかし、三六災害時に堤防決壊とともに流失

が作られており、本碑、禹之瀬《うのせ》開削記念碑などが並んで建っている。現在、祭りなどは行われていない。近くに舟運時代に船頭たちが安全の守り神として信仰した七面堂本殿がある。

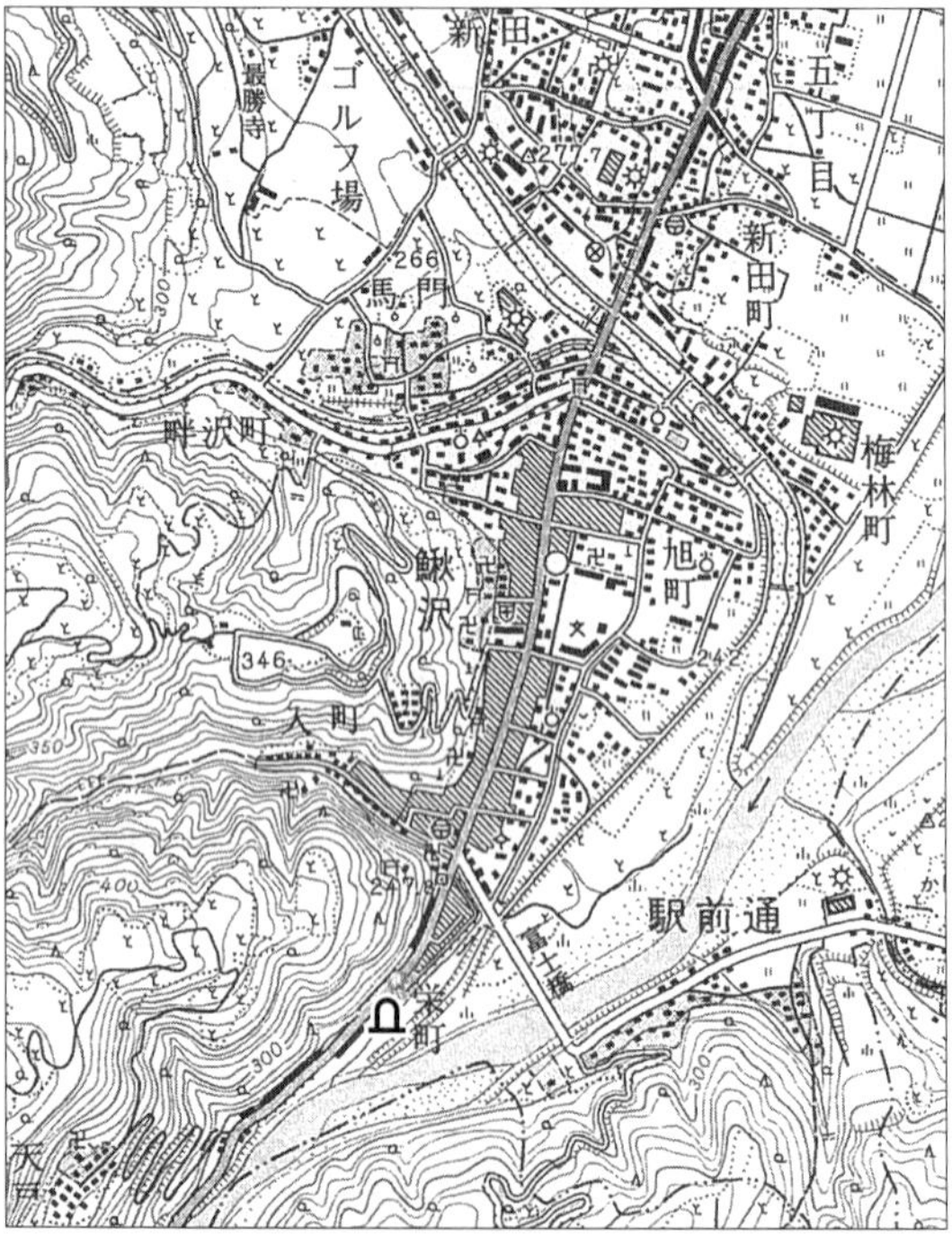

国土地理院発行25000分の1地形図（鰍沢）より

アクセス：JR身延線鰍沢口駅より西へ徒歩15分（富士橋付近）

参考文献：『鰍沢町誌　上』鰍沢町、1996年
『富士水碑』遠藤長次郎著、2012年、16頁
『明治以前　日本土木史』日本土木学会、1936年

（原田和佳）

C-01

富士水碑（富士川）

山梨県南巨摩郡富士川町鰍沢　明神町

サイズ：高さ約240cm　幅 約190cm（最大幅）

刻　字：「禹不能鑿」（禹さえ鑿《うが》つこと能わず）

建　立：1797（寛政9）年　撰文黒川好祖　書藤原知赫　刻神慶雲

徳川家康の命をうけた角倉了以《すみくらりょうい》が急流で知られる富士川の開削、浚《しゅん》渫《せつ》工事に従事した。工事は1607年から6年をかけて1612年に幾多の困難を克服して竣工したことを顕彰したもの。これ以後富士川舟運が盛んになり、経済的繁栄をもたらしたことに地域住民が感謝している。碑文は48字16行768文字からなり、黒川好《こう》祖《そ》の作である。

旧国道とバイパスの分岐点に小公園

写真１　富士水碑

写真２　富士水碑（右）と禹之瀬開削記念碑（中央）

漑用水路）を溢れさせていた。そこで、名主・酒詰治左衛門正辰は私財を投じて、北浦川の合流地点で小貝川の氾濫を防ぐ神浦堤をより強固に修築した。碑はその功労を讃えるため、没後4年に村民たちが建立したもの。当初、酒詰旧居（現岡田橋付近）ちかくにあったが、2回の変遷を経、神浦堤防上の現地に1996年移された。

旧酒詰村（現取手市清水）など230人余の氏名が建立賛同者として石碑の土台にびっしりと刻字されている。

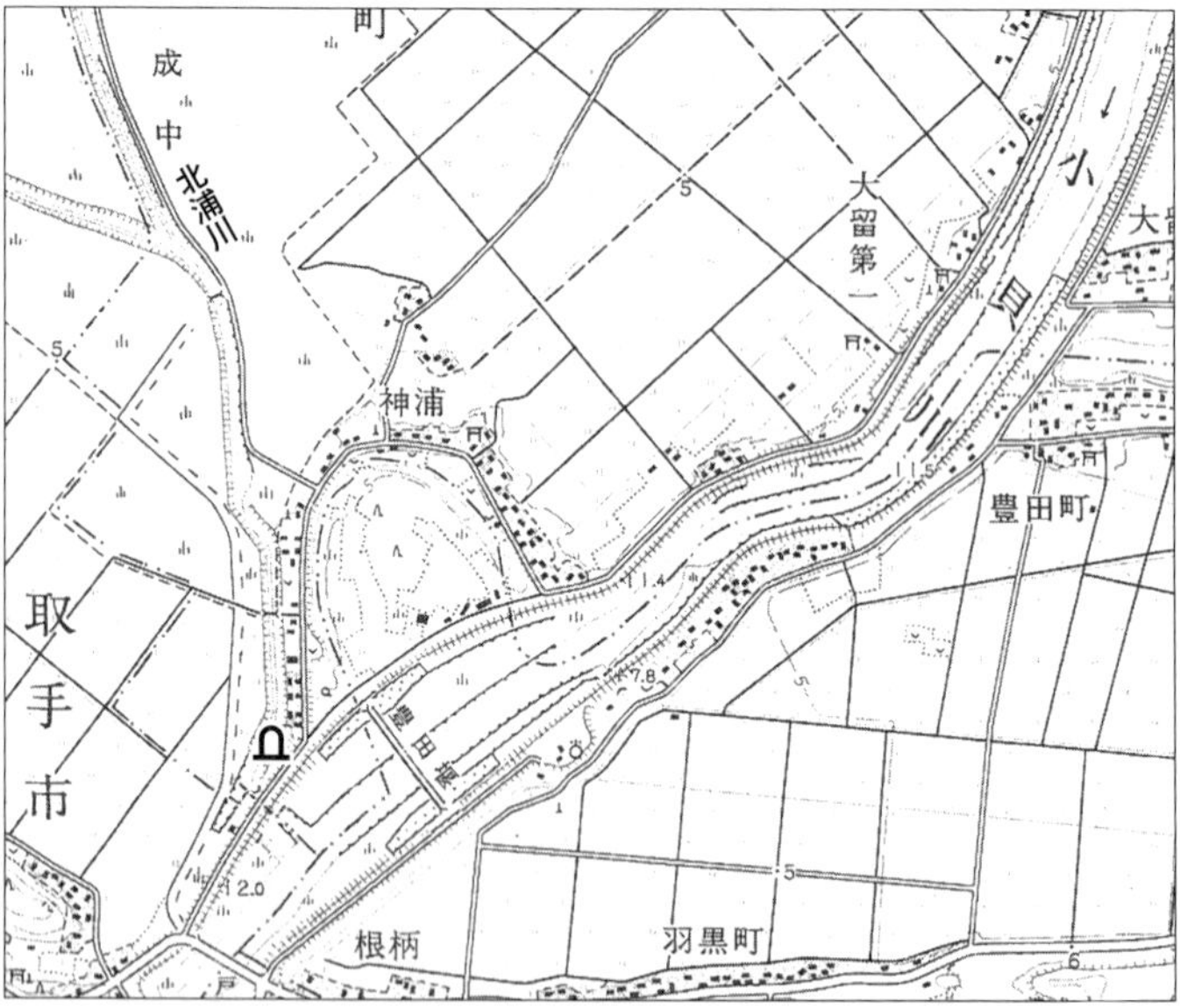

国土地理院発行25000分の1地形図（下市田）より

アクセス：JR常磐線取手駅より大利根交通バス戸田井下車、徒歩10分。

参考文献：『藤代町史　通史編』藤代町、1990年
『藤代町史　暮らし編』藤代町、2005年

（大脇良夫）

B-14

神浦堤成績碑《かんのうらつつみせいせきのひ》（利根川水系小貝川）

茨城県取手市神浦13番地　北浦川堤防上

サイズ：高さ198cm　幅134cm　厚さ27cm

刻　字：「神禹」

建　立：1870(明治3)年　受益村民　撰文孝亭　書正木健

写真1　神浦堤成績碑

利根川と小貝川《こかいがわ》に挟まれた酒詰村の低湿地は洪水の常襲地帯であった。豪雨のたび、利根川の氾濫水が支流の小貝川を逆流し、北浦川（小貝川上流の岡堰より取水、再び小貝川に流入する灌

写真2　碑文下部に「神禹」の字

東堤碑（口絵1）の碑文は漢文、草書体で彫られ、約750字に及ぶ。注目すべき内容は「安貞2年、勢田判官為兼《せたのほうがんためかね》が勅を奉じて水を治めるため神禹の祠《ほこら》を鴨川に建てる」とあり、この文命宮建立が鎌倉時代の鴨川の治績と比するものであるとしている点である。西堤碑（写真1）には、時の将軍徳川吉宗より20両賜って祭祀の資金としたことや、年ごとに堤の補修を行い、文命の祭礼をし、努めて怠ることのないようにとの戒めがあり、文命を祀った意義を地元の農民に説いている。現在でも5月の連休中には、文命宮（明治期に合祀され現在は福澤神社）の祭礼が多くの人々を集め行われている。

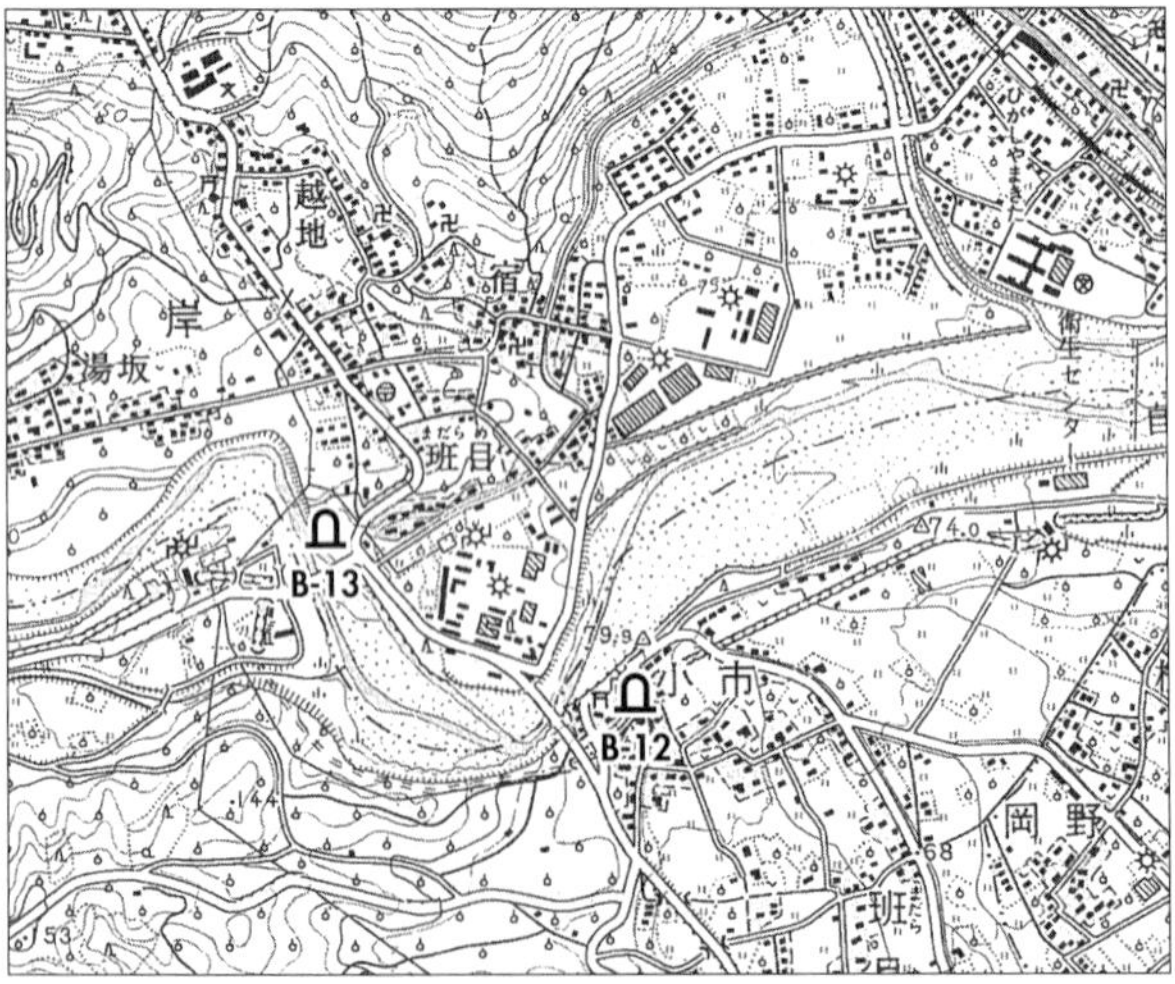

国土地理院発行25000分の1地形図（山北）より

アクセス：JR御殿場線東山北駅より西へ徒歩30分、または大口バス停より徒歩5分

参考文献：「文命堤碑を考える」瀬戸長治著　『市史研究あしがら』6号、1994年
『あしがら歴史新聞　富士山と酒匂川』足柄の歴史再発見クラブ、2007年

（関口康弘）

B-12
文命東堤碑・文命宮（酒匂川）
神奈川県南足柄市班目　福澤神社

B-13
文命西堤碑・文命宮（酒匂川）
神奈川県足柄上郡山北町岸　岩流瀬橋東詰め北側

サイズ：文命東堤碑　高さ200cm　幅105cm　厚さ60cm
　　　　文命西堤碑　高さ115cm　幅100cm　厚さ30cm

刻　字：「文命東堤碑」「神禹」「禹」
　　　　「文命西堤碑」「神禹」「文命宮」「水土大禹神示」

建　立：ともに1726（享保11）年　撰文田中丘隅・荻生徂徠　書三浦竹渓

宝永4（1707）年、富士山の大噴火による酒匂川氾濫で、足柄平野を水害から守る岩流瀬《がらぜ》と大口《おおくち》土手が決壊した。この修復にあたり、地域の復興と土手の持続的な保全を狙いそのシンボル化のために田中丘隅《きゅうぐ》が主体となって建立したもの。

写真1　文命西堤碑（左）と文命宮（右）

その志を息子である通顕も引き継いだのだとある。

鎌倉で著名な建長寺内の河村瑞賢墓所にある

写真２　河村瑞賢墓所。中央奥が瑞賢、手前右が通顕の墓碑

国土地理院発行25000分の１地形図（鎌倉）より

アクセス：JR横須賀線北鎌倉駅より徒歩15分

参考文献：『河村瑞賢』古田良一著、吉川弘文館、1964年

（木谷幹一）

B-11

河村君墓碣銘並序（滑川）

神奈川県鎌倉市山ノ内　建長寺境内　河村瑞賢墓所

サイズ：高さ102cm　幅44cm　厚さ34cm

刻　字：「父輔禹功　子克継志」（父禹功を輔《たす》け、子よく志を継ぐ）

建　立：1721（享保6）年11月22日　河村義篤

河村瑞賢の嗣子通顕《みちあき》の墓碑銘。建てたのは通顕の子、河村義篤。撰文者の細井広沢《こうたく》は書家・篆刻家として有名な人物である。墓碑によれば、通顕は最初姫路藩の本多忠国に、次に肥後藩細川綱利に、筑前藩黒田綱政に仕えていた。父瑞賢が亡くなる前後に将軍徳川綱吉に仕え、関東郡代伊奈忠逵《いなただみち》とともに享保元（1716）年に荒川流域の測量、享保3（1718）年に葛西用水の下流（墨田区から葛飾区）整備、享保4年に葛西用水の源流（羽生市）整備に関わったことが記されている。

禹の文字は、碑文の最後に刻まれた40字の漢詩に確認できる。そこには父親河村瑞賢は禹功（幕府の治水事業）をたすけ、

写真1　河村君墓碣銘並序

を称えるため皇族からの下賜金などをもとに、彼の死後17年目に有志によって建立されたもの。

碑の置かれた衣笠山公園は3つの海堡を見守る位置にある。銘板には、西田明則の生涯と功績が漢文で刻まれている。

写真2　西田明則君之碑銘板

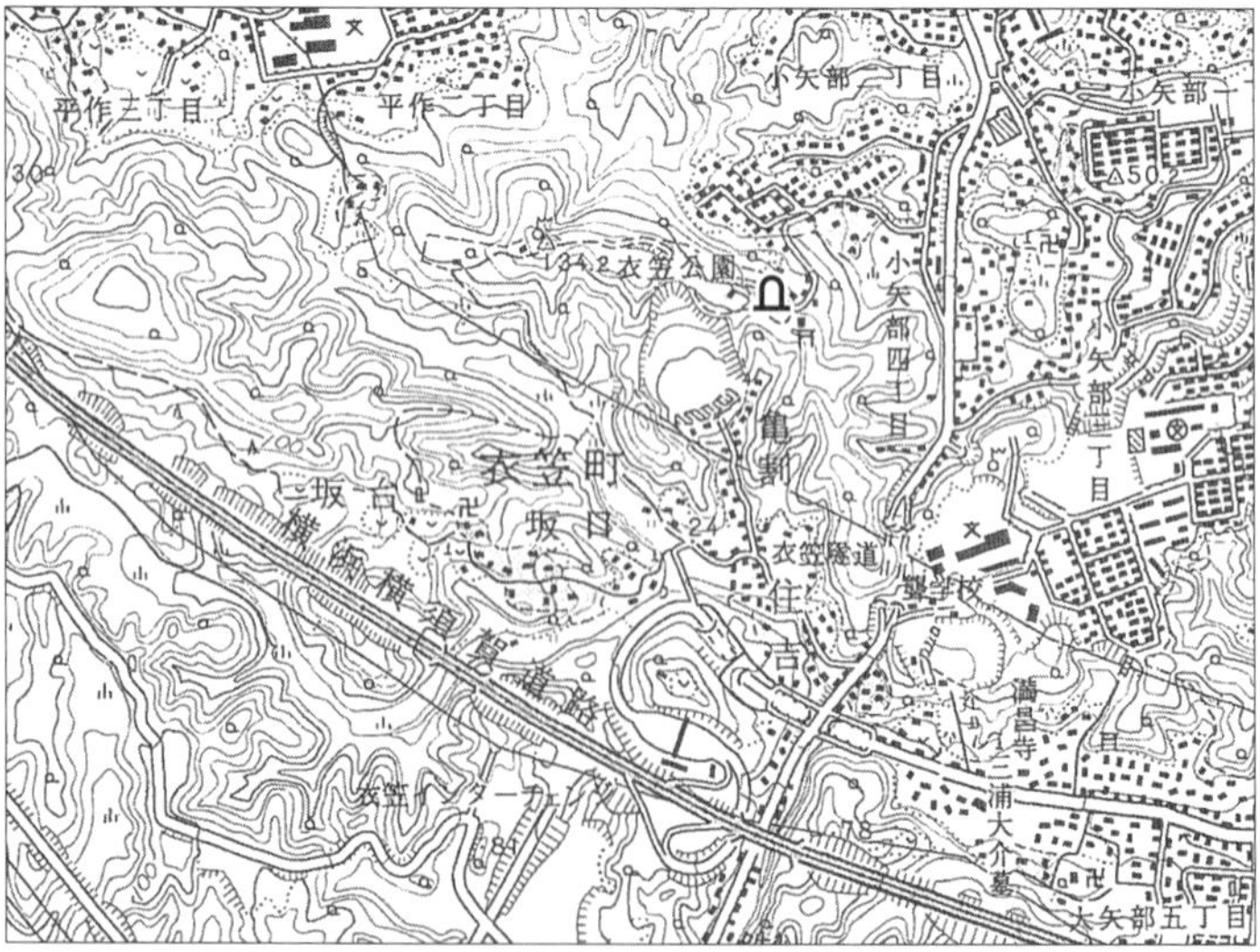

国土地理院発行25000分の1地形図（浦賀）より

アクセス：JR横須賀線衣笠駅より徒歩25分

参考文献：『横須賀市史』横須賀市、1957年
　　　　　『季刊海堡』2号、2003年

（佐久間俊治）

B-10

西田明則君之碑（東京湾）

神奈川県横須賀市小矢部4丁目　衣笠山公園

サイズ：塔柱約4m　土台約4m　銅銘板93cm×100cm

刻　字：「大禹治水」

建　立：1923（大正12）年8月　有志建立　撰文上原勇作

写真1　西田明則君之碑

西田明則は山口県出身の陸軍技師である。1879（明治12）年に設置された東京湾沿岸防禦取調委員会の委員に任命され、東京湾の3つの海堡《かいほ》建設の設計と工事実施を担当、その仕事に没頭した。海堡とは砲台を設置するための人工島である。とくに、第三海堡建設は、水深40mと深く潮流も早いため難工事となり、1892（明治25）年から1921（大正10）年までの約30年を要して完成した。西田明則はその完成を見ることなく1906（明治39）年に数え年80歳で逝去した。この碑は彼の功績

いのなか72年の生涯を閉じた。

碑文は行書体で、背面に建立年などが刻まれている。

写真２　長明寺境内。左はしに見えるのが記念碑

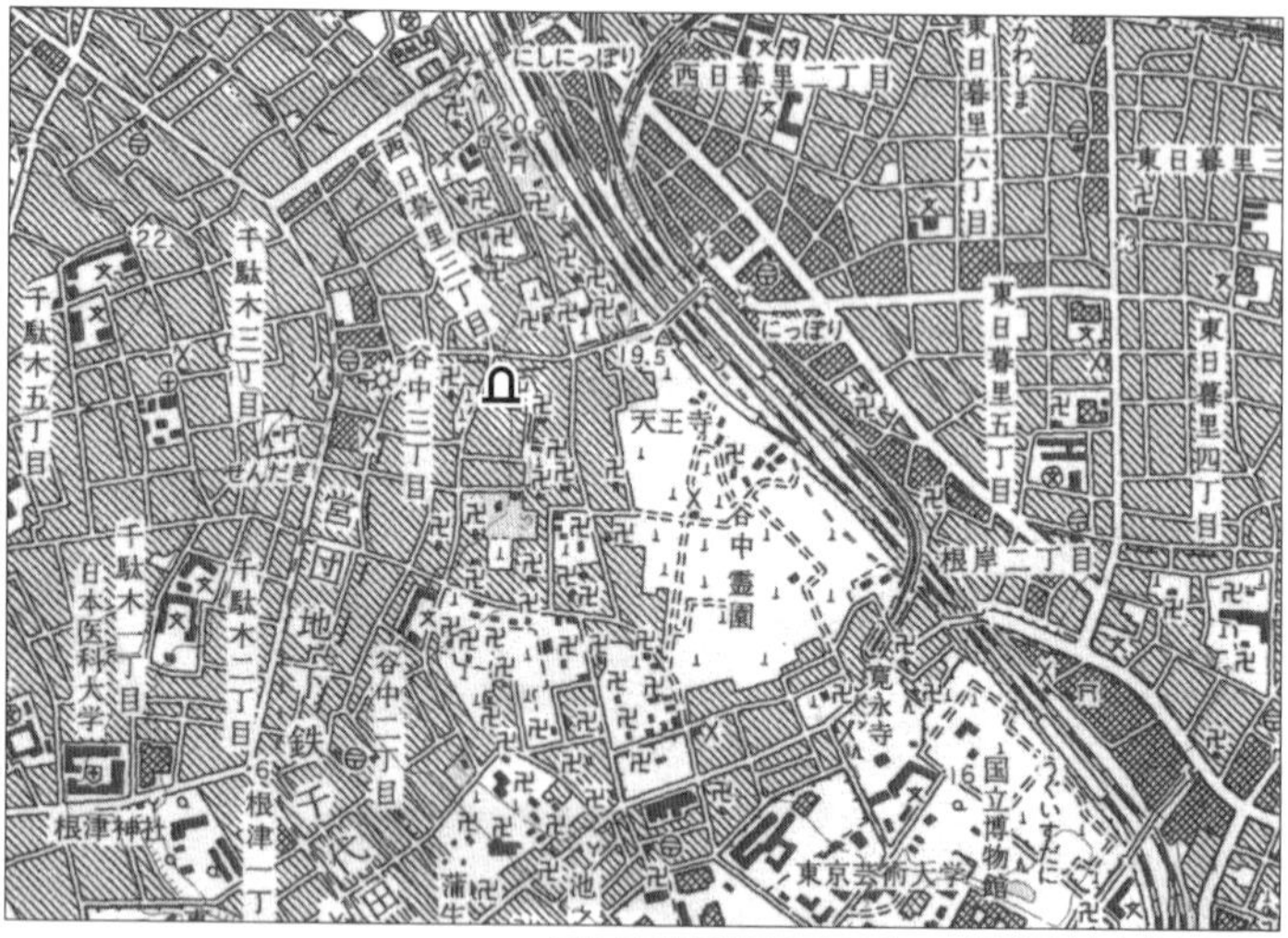

国土地理院発行25000分の1地形図（東京首部）より

アクセス：JR山手線日暮里駅より西へ400ｍ

参考文献：『続直方歴史ものがたり』舌間信夫著、直方市、2005年、239頁
『明治事物起源』石井研堂著、橋南堂、1908年、190～221頁

（木谷幹一）

B-09

人力車発明記念碑

東京都台東区谷中　長明寺

サイズ：不明

刻　字：「禹といへる聖人出でて」「其績は禹にも劣らざるべし」

建　立：1891（明治24）年3月　撰文研里　筆鶯軒

写真1　人力車発明記念碑（加藤裕提供）

人力車を発明した和泉要助の顕彰碑である。和泉（旧姓長谷川）要助は文政12（1829）年に直方《のうがた》市で生まれ、福岡藩士出水要の養子となり江戸へ出立。明治維新後改名、食品商で成功したが、輸送手段として「人力車」を1869（明治2）年頃に発案、協力者とともに東京府に人力車の製造・営業許可を申請、許可を受けた。

1871（明治4）年には東京府への人力車の登録台数が4万台を超え、一応の成功者となるが、その後の「専売特許」問題により度重なる悔しい思

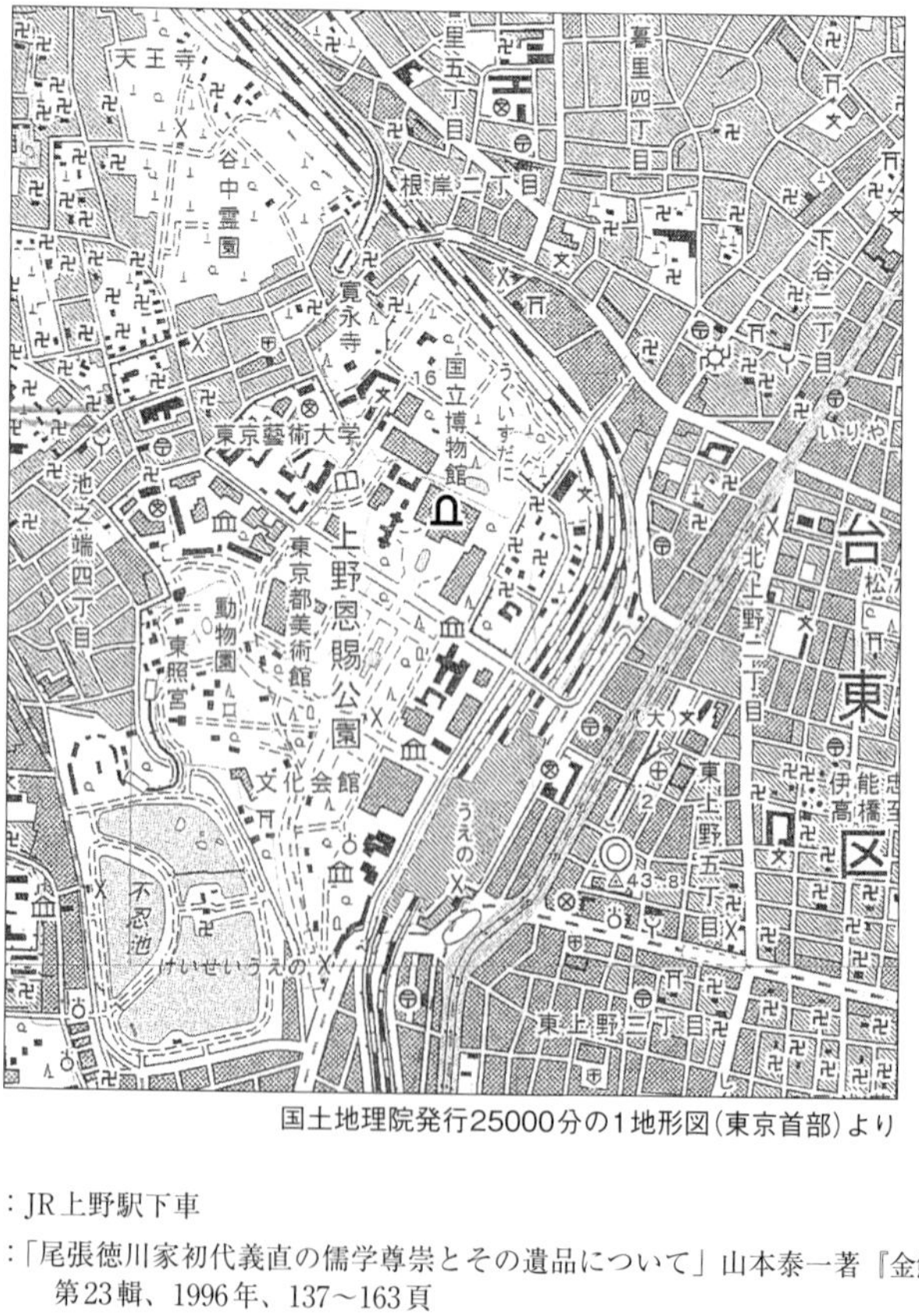

国土地理院発行25000分の1地形図(東京首部)より

アクセス：JR上野駅下車

参考文献：「尾張徳川家初代義直の儒学尊崇とその遺品について」山本泰一著『金鯱叢書』第23輯、1996年、137～163頁

（木谷幹一）

B-08

大禹像画 （歴聖大儒像）

東京都文京区　東京国立博物館

写真1　狩野山雪画「大禹」
東京国立博物館所蔵
Image: TNMImage Archives

サイズ：不明　掛軸

刻　字：大禹

制　作：1632（寛永9）年　徳川義直の依頼により狩野山雪画

当時、上野忍岡《しのぶがおか》にあった林羅山邸の聖堂における釈奠《しゃくそん》のため、尾張徳川初代の徳川義直と儒者堀杏庵が計り、狩野山雪に画《か》かせた二十一幅の聖賢像図ひとつである。その後、湯島聖堂に置かれていたもの。現在は、東京国立博物館が所蔵している。

腰かけた落ち着いた風貌が特徴的である。台座の設計は懸賞募集とし、工学士渡辺仁の意匠を採用、東京帝国大学営繕課長内田祥三博士の設計監督で進められた。銘板は、大理石の壁に囲まれた銅像に向かって右側の壁にある。

写真２　銅銘板

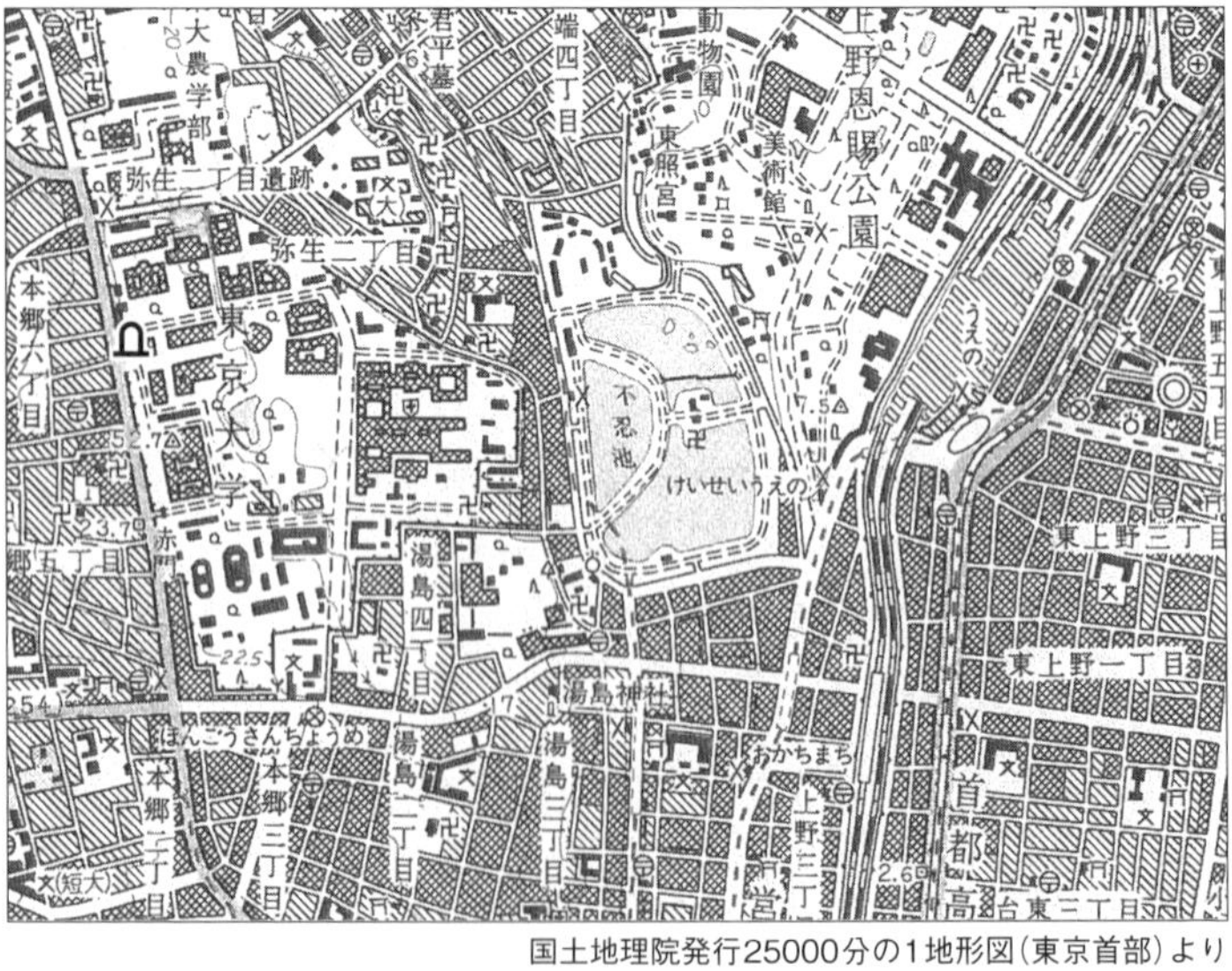

国土地理院発行25000分の１地形図（東京首部）より

アクセス：東京地下鉄丸の内線本郷三丁目駅下車

参考文献：『古市公威』故古市男爵記念事業会、1937年
『古市公威とその時代』土木学会、2004年、526頁

（佐久間俊治）

B-07

古市公威像《ふるいちこうい》

東京都文京区本郷　東京大学正門

サイズ：座像・高さ200cm

刻　字：「不譲大禹疏鑿之功」(大禹疏鑿の功に譲らず)

建　立：1937(昭和12)年日本工学会を主催者とした記念事業会　撰文塩谷温　書工藤壮平　堀進二製作の銅像

工科大学初代学長で日本初の工学博士の古市公威（1854～1934）の業績を顕彰した銅像と銅銘板である。古市は大学南校（東京大学の前身）からフランスへ留学、帰国後は内務省土木官僚として河川と治水事業を指導、統括する責任を果たした。また、工科大学学長として教育行政に貢献、日本工学会の初代会長として日本の技術向上とそれを世界に知らしめる活動をおこなって大きな功績を残した。これらを顕彰するため彼の死から3年後に建設された。

写真1　古市公威像

宮中から授かった鳩杖を持ってソファーに

水災害が減り、米の収穫が増加、関宿藩の治水や新田開発に貢献したことが記されている。

悪水井路の「関宿落」に接して碑が建っているが、祭礼などは不明。

写真2　碑の全景

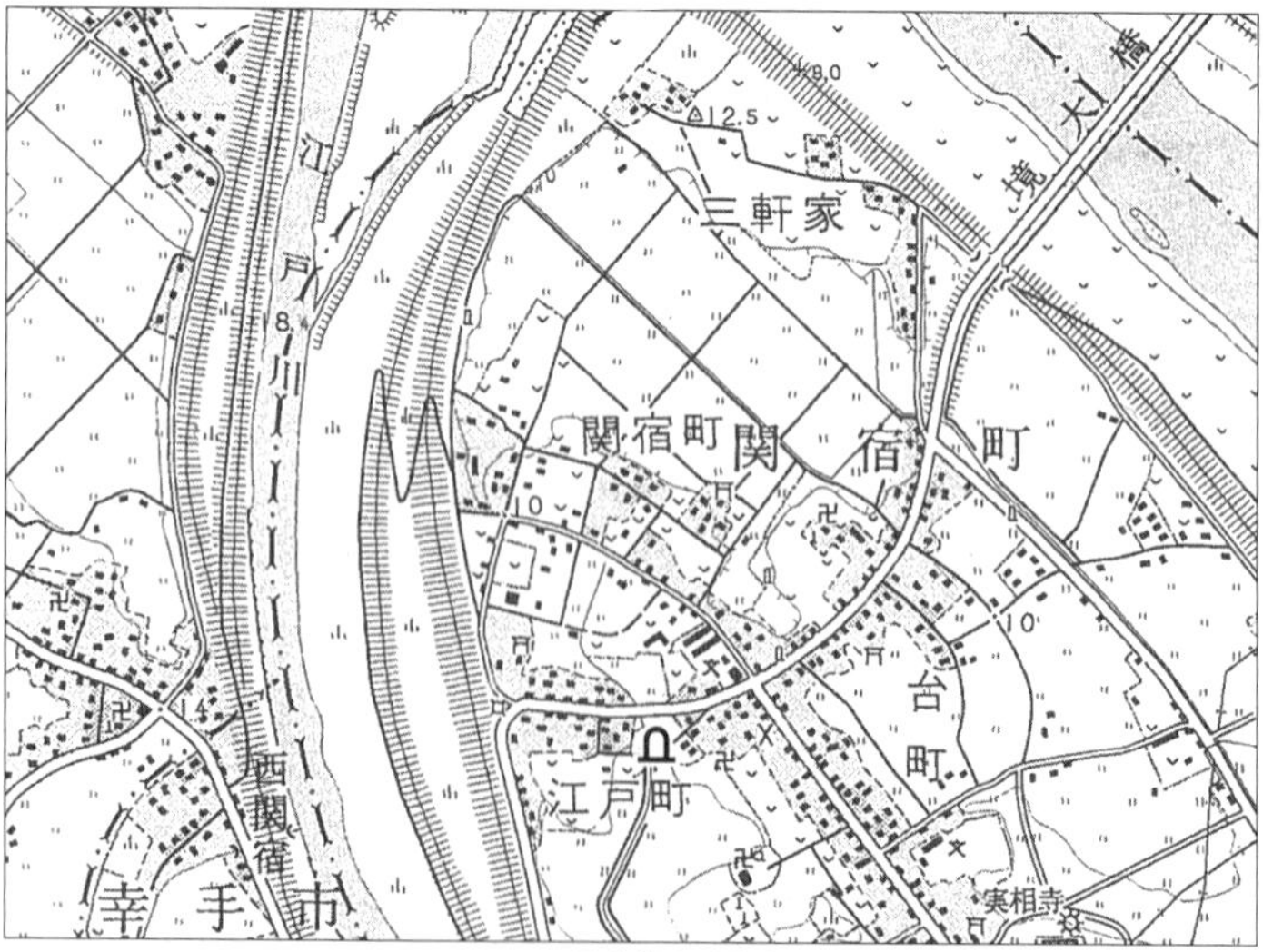

国土地理院発行25000分の1地形図（下総境）より

アクセス：東武鉄道東武動物公園駅より朝日バス茨城境行き関宿台町下車西南へ

参考文献：「船橋随庵先生水土功績之碑」林保著、『関宿町町史研究』3号、1990年
「開削決水を講ぜん——幕末の治水家船橋隋庵」高崎哲郎著、鹿島出版会、2000年

（木谷幹一）

B-06

船橋《ふなはし》隋庵《ずいあん》水土《すいど》功績《こうせき》之碑（利根川）

千葉県野田市関宿台町66番地

サイズ：高さ246cm　幅142cm　厚さ14cm　頁岩

刻　字：「大禹聖人也」

建　立：1895(明治28)年3月　地元発起人　篆額久世広業　撰文亀田英
書丹中島慶　刻字斉藤嗽石

写真1　船橋随庵水土功績之碑

これは幕末の関宿《せきやど》藩の農政家であり治水家でもある船橋随庵の顕彰碑である。碑は関宿の有志が義捐金を募って建てたもので、発起人26名のなかには元関宿藩家老で、内閣総理大臣鈴木貫太郎の父であった関宿町長鈴木由哲の氏名がある。

碑文には嘉永元年（1848年）から悪水井路「関宿落」の事業に着手、嘉永3(1850)年、随庵55歳のとき約20kmに及ぶ悪水井路の工事を完成させたとある。この悪水井路ができてから内

現在は、「文命太明神」と記された嘉永6（1853）年の棟札が残るだけである。『文命皇神尊御由来記』には、神影および崇書一巻（禹の功徳を漢文で記載）賜ったとあるが、現存していない。小林小字中才《なかっさい》地区の個人宅内に文命神社が建てられており、氏子12戸が9月15日頃に集まり文命祭を実施している。

写真3　文命聖廟全景

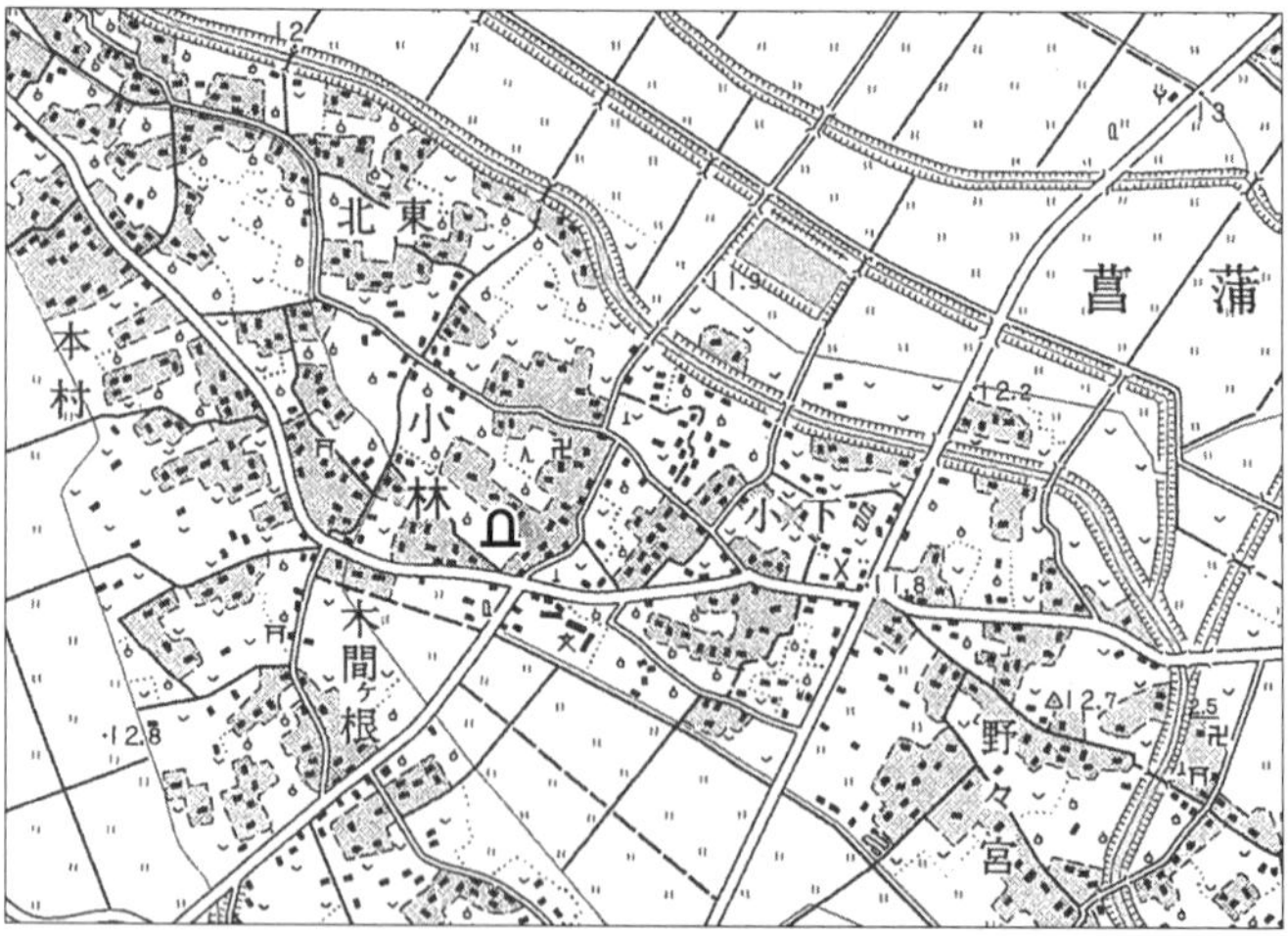

国土地理院発行25000分の1地形図（鴻巣）より

アクセス：JR高崎本線樋川駅東口より朝日バス野々宮下車、徒歩10分

参考文献：『文命皇神尊御由来記』（島田家文書・寛延3年書）『埼玉叢書　第5巻』国書刊行会、1971年
『菖蒲町の歴史と文化財　通史・資料編』菖蒲町教育委員会、2006年
『菖蒲町文化財報告書　菖蒲町の神社』同上、1994年

（大脇良夫）

B-05

文命聖廟《ぶんめいせいびょう》（元荒川）

埼玉県久喜市菖蒲町小林2284番地（個人宅敷地）

サイズ：棟札２枚

刻　字：「文命太神宮」（嘉永6［1853］年の棟札に記されている。）

建　立：1708（宝永5）年頃、島田左内源忠章

将軍綱吉の姫君の安産に余語法眼《よごほうがん》（幕府医官）の医効大であった功績により武州埼玉郡小林《おばやし》の地を賜った。しかし、小林の地は元荒川の低地で水難常襲地で、収穫も不安定だった。これを耳にした綱吉に、「中国の故事に倣《なら》い禹廟を祀り祭祀を永続すれば水難から免れるだろう」と諭された余語が、地元の名主島田忠章に命じて文命太神宮を建立させたと伝えられている。

写真１　文命大神宮棟札

写真２　棟札裏面

及び根用水に引水可能な水路網が完成した。同時に関宿藩船橋隋庵の用悪水路整備事業「関宿堀（関宿落）」が整備されている。

大禹像上半身の線刻であり、「大禹」の名が裏面に刻まれている。桜神社境内には忠魂碑や改修記念碑（1952年2月建立）なども置かれている。

写真2　陰碑（背面）拓本
（杉戸町教育委員会提供）

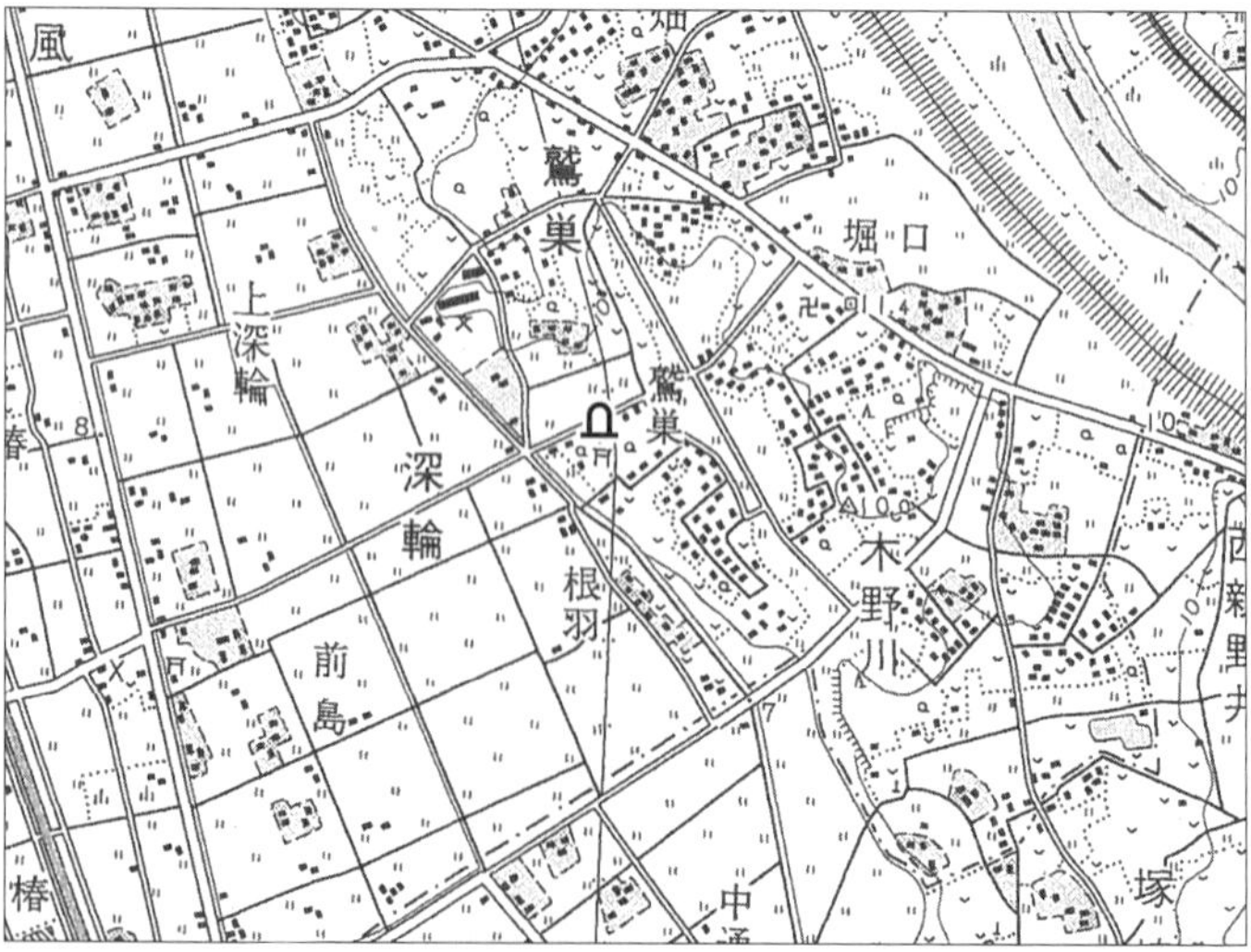

国土地理院発行25000分の1地形図（宝珠花）より

アクセス：東武鉄道東武動物公園駅下車、東へ6km
参考文献：『杉戸町史　近世資料編』杉戸町役場、2004年、201〜202頁

（木谷幹一）

B-04

大禹像碑（木津内用水記念碑）（江戸川）

埼玉県北葛飾郡杉戸町深輪　桜神社入口

サイズ：高さ163cm　幅115cm　厚さ14cm　溶結凝灰岩

刻　字：「大禹像勒」

建　立：1849（嘉永2）年11月　受益村民有志　撰文亀田綾瀬　画谷文一

木津内《きづうち》用水は江戸川用水のひとつである。碑が建つ桜神社は深輪の豪族関口氏の氏神を祀る稲荷社を有している。碑面いっぱいに描かれた「大禹像」は谷文一画で、背面には関宿《せきやど》藩儒者亀田綾瀬《りょうらい》が撰文した由来文が刻まれている。碑文には正保年間（1644～47年）に中島用水が開削されて利便性が向上したが、水路に年々土砂が厚く堆積したため内水災害が増え禾穀《かこく》を害したとある。嘉永元年（1848）に関係16ヶ村組合が関宿藩主に申し入れ、嘉永2年に木津内用水路を開削、樋管を新たに設けたと記している。この完成を記念して建立された。これによって上流部は中島用水、中流部は木津内用水、下流部は木津内用水から中用水

写真1　大禹像碑正面（杉戸町教育委員会提供）

77文字からなり、「禹王之碑」と題されている。自然石の上に不安定な状態で置かれており、他から移したと思われる。祭礼などはなく、不動尊の参拝時に各自が適宜拝んでいたようである。

写真2　巨岩の上に置かれた禹王之碑

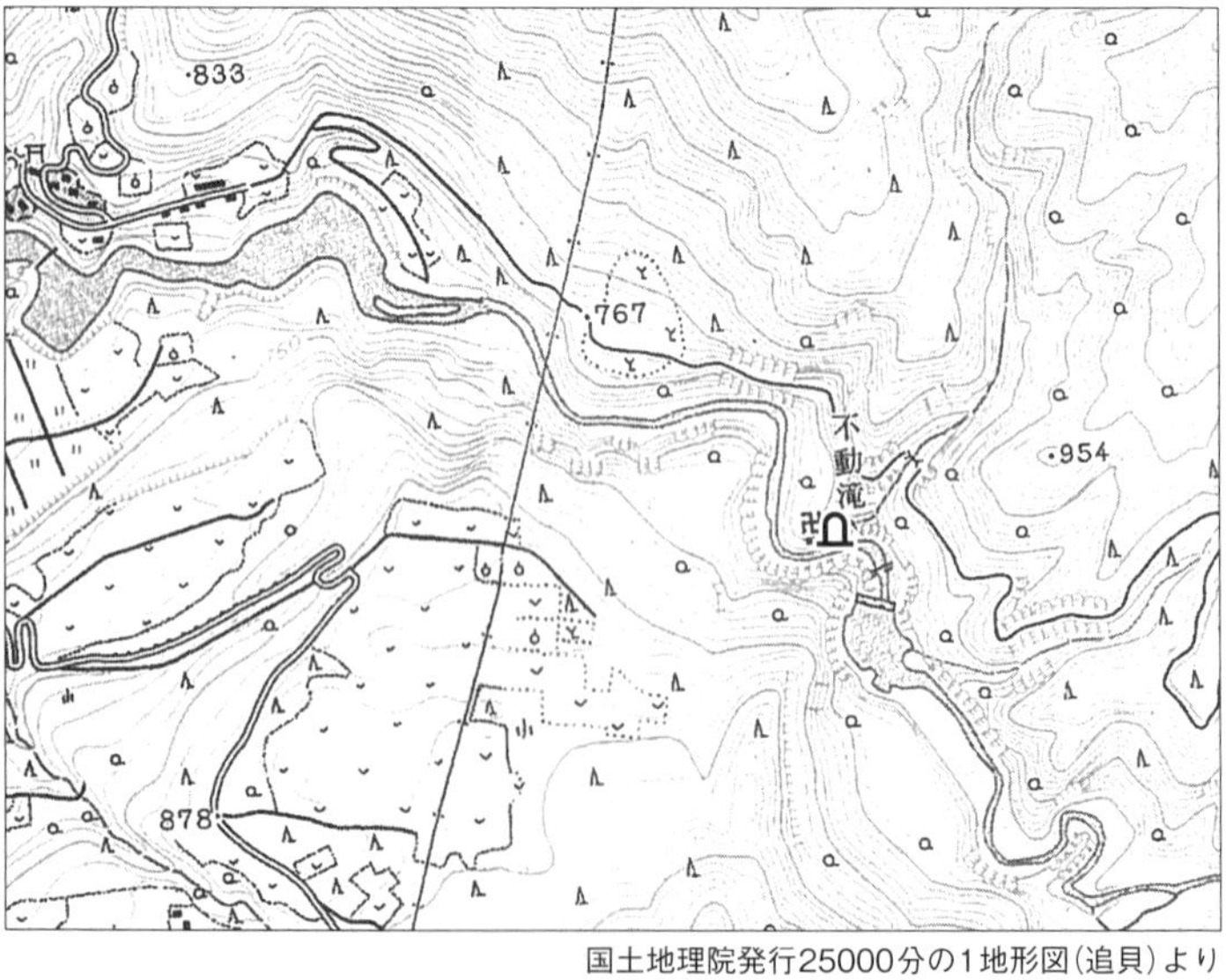

国土地理院発行25000分の1地形図（追貝）より

アクセス：JR上越新幹線上毛高原駅よりバス1時間切り通し下車（平川小学校入口）それより車20分

参考文献：『幻の集落――根利山』水資源開発公団栗原ダム調査所、2003年

（宮田　勝）

B-03

禹王之碑（利根川水系泙川）

群馬県沼田市利根町平川　平川不動尊境内

サイズ：高さ98cm　横幅55cm　厚さ14cm　安山岩

刻　字：「禹王之碑」

建　立：1919(大正8)年4月　建立者不明

泙川《ひらかわ》中流の河岸段丘に位置する不動尊境内にある。平川は栃木県境の錫ヶ岳（標高2388m）宿堂坊山（標高1958m）皇海山（標高2144m）などの白根火山群を含む広い水系を有し、1898（明治31）年から1939（昭和14）年まで足尾銅山のための坑木用材が大量に伐採された。このため、山地が荒廃して水害が発生、水田地帯がしばしば大被害を受けるようになった。関係者が水害からの解放を祈願して建立したとも思われるが、動機や建立地については不明である。地元住民にもその存在はほとんど知られていない。

写真1　禹王之碑

碑文は片品村土出《つちいで》の大禹皇帝碑（B-02）碑文の釈文で楷書体

立したのではないかと思われるが、建立の理由や碑名の起源について不明な点がある。

碑文中には大禹の名はないが、中国湖南省衡山にある岣嶁《こうろう》碑と同じ鳥虫篆《ちょうちゅうてん》書体77文字を刻んでいる点に特色がある。片品村の文化財に指定。戦前まで「禹王様祭り」が行われていたが、現在は中断。

アクセス：JR上越新幹線上毛高原駅より関越交通バス古仲上方面へ1時間20分

参考文献：『片品村誌』片品村役場、1963年
『利根郡誌』群馬県利根教育会、1930年

写真2　大禹皇帝碑文拓本

国土地理院発行25000分の1地形図（鎌田）より

（宮田　勝）

B-02

大禹皇帝碑《だいうこうてい》（片品川）

群馬県利根郡片品村土出古仲《こなか》桐の木平1247-2

サイズ：高さ230cm　幅140cm　厚さ90cm　安山岩

刻　字：なし。大禹皇帝碑と呼ばれている。

建　立：1874（明治7）年　星野誉市郎 ほか

山間の狭小な谷盆地に位置する土出《つちいで》集落は片品川の度重なる水害を受けてきた。とくに、江戸後期における浅間山の噴火、天明の飢饉等により村民の生活は困窮し、間引きまで行われたという。これを憂えた地元の星野誉市郎《よいちろう》が中心になって水害など自然災害からの解放を祈願して建

写真1　大禹皇帝碑

集落も水害のため、近世に鬼怒川中州から現在地に移転したと推定される。鉄道の発達により舟運が衰退した明治中期以降に本格的な築堤事業が開始され、昭和になっても継続していたという。なお、二宮尊徳の桜町陣屋跡は当地から約７kmにある。

鬼怒川堤防下にあるが、碑の年代や由来は不明。江戸期のものと推定。

写真２　石尊本殿と右脇の禹廟

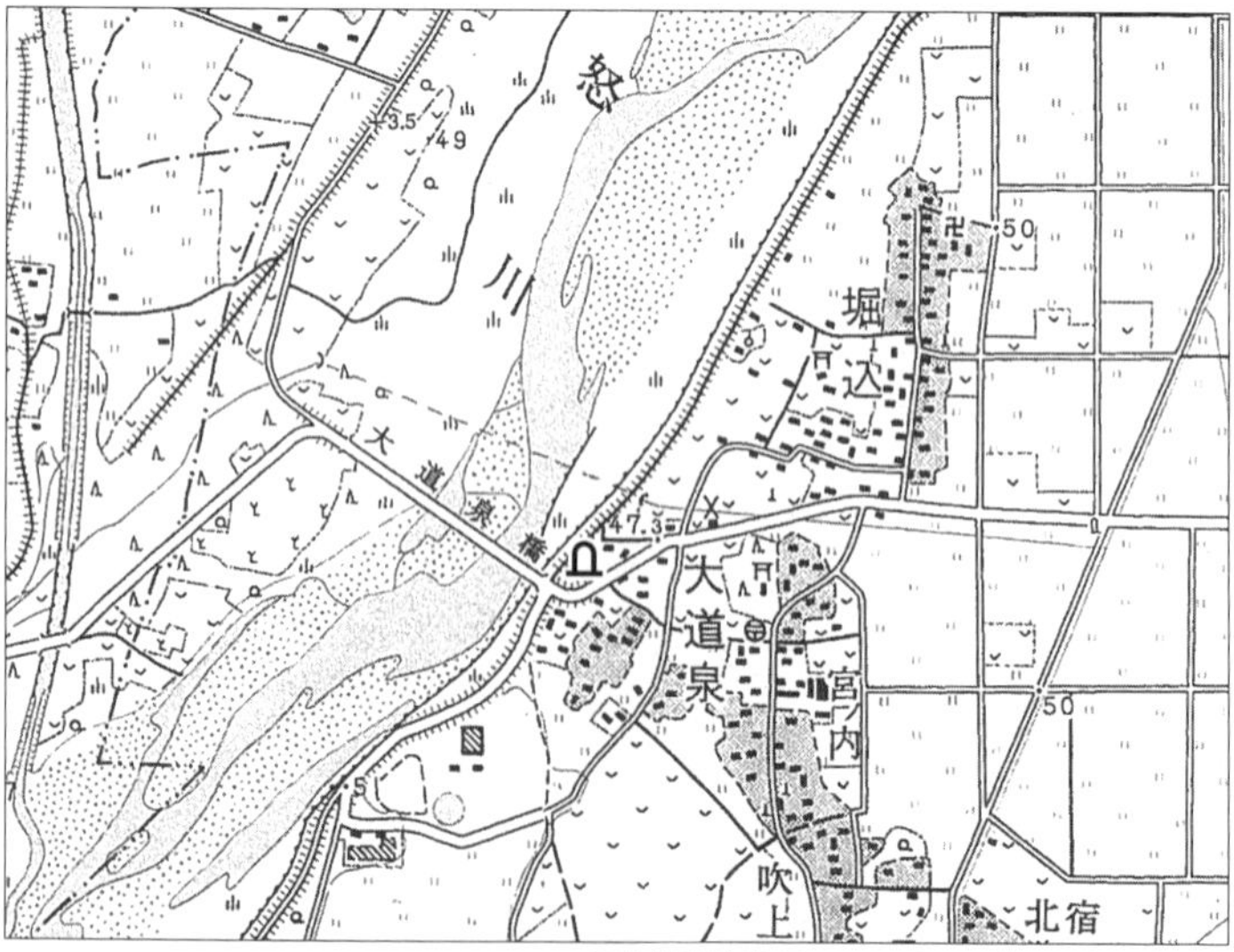

国土地理院発行25000分の1地形図（真岡）より

アクセス：真岡鉄道久下田《くげた》駅よりタクシーにて15分
参考文献：「禹廟」近江礼子著『日本の石仏』120号、2006年

（大脇良夫）

B-01

禹廟（鬼怒川）

栃木県真岡市大道泉　大山阿夫利神社

サイズ：高さ48cm　幅23cm　厚さ15cm　砂岩

刻　字：「禹廟」

建　立：不明

写真1　禹廟

鬼怒川《きぬがわ》堤防下の大山阿夫利《おおやまあぶり》神社に置かれているが、碑の由来などは不明である。1980年頃には、河野守弘（1793-1863。1848年に『下野国史』を著わした）の墓左脇にあったが、2006年には石尊様《せきそんさま》（大山阿夫利神社の祭神）階段の右脇に、さらに2010年からは現在地に移転した石尊本殿の脇に安置されている（写真2）。ここには石尊様のほか墓碑などが多数置かれている。鬼怒川は江戸期を通じ舟運が栄えたために頑丈な堤防は造られなかった。このため、流路は頻繁に変わり、大道泉《だいどういずみ》の旧

大いに貢献した。この碑は彼の二百五十回忌に、26人の同志が建立したものであり、碑文は、禹の業績になぞらえながら、川村の生涯を称えている。

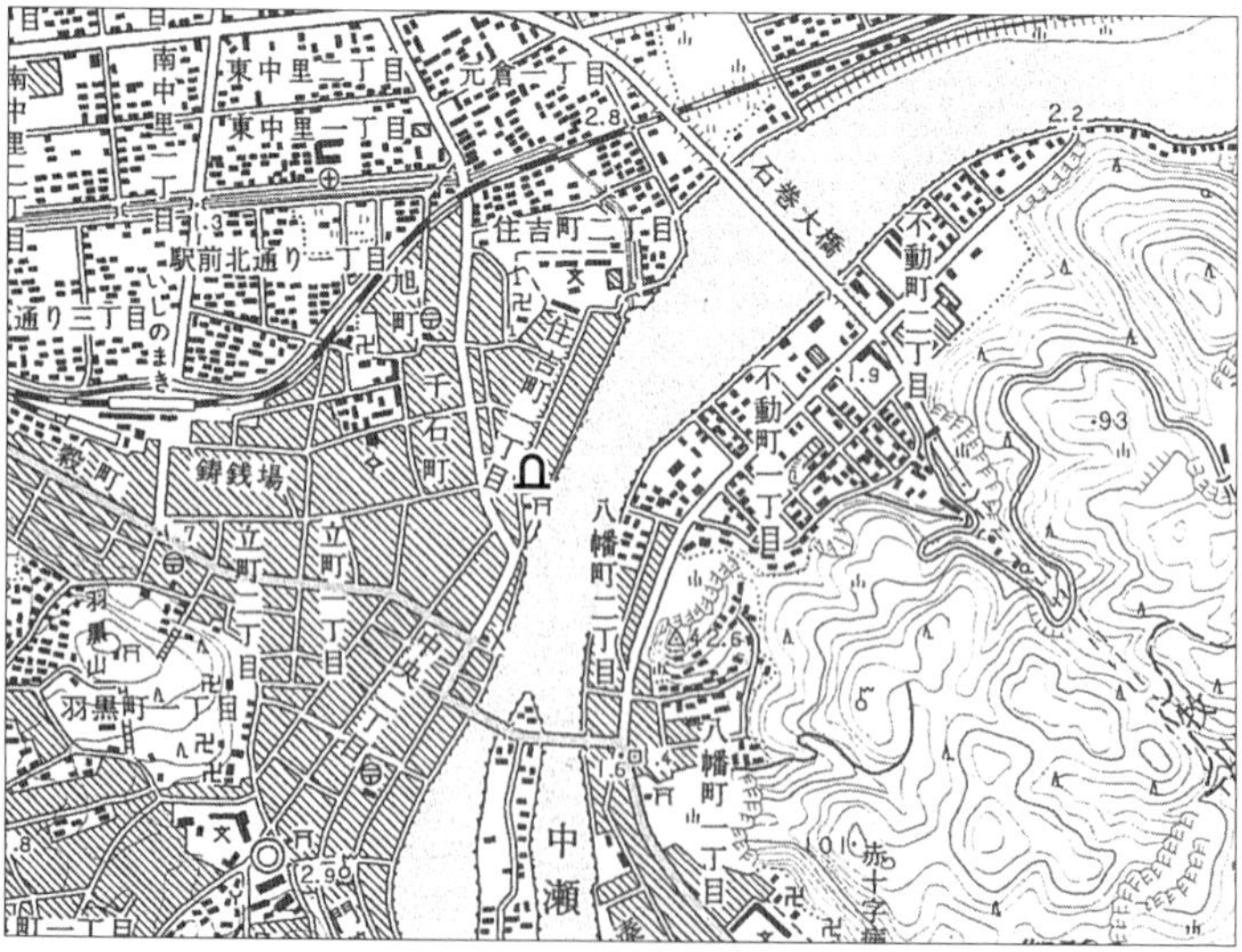

国土地理院発行25000分の1地形図（石巻）より

アクセス：JR石巻線石巻駅から東方向約900ｍの住吉神社内。

参考文献：『宮城県史　8　土木』宮城県史編纂委員会、1956年
「独眼竜政宗に見出された土木技術者　川村孫兵衛」『測量』45号、1995年、55～60頁
『江戸時代人づくり風土記　4　ふるさとの人の知恵　宮城』農文協、1994年、27～34頁

（佐久間俊治）

A-02

川村孫兵衛紀功碑 (旧北上川)

宮城県石巻市住吉町1丁目　住吉公園

サイズ：高さ395cm　幅145cm　厚さ20cm　頁岩

刻　字：「烏神禹以下皆然」(ああ神禹以下皆然り)
　　　　「神禹以後唯有公」(神禹以後、ただ公有るのみ)

建　立：1897(明治30)年10月　篆額伊達宗基　撰文松倉恂　書佐々木舜永

写真1　川村孫兵衛紀功碑

川村孫兵衛 (1575〜1648) は長門 (山口県) の人で、数学や治水の面ですぐれていた。伊達政宗につかえて、東北第一の大河北上川の流路を変えることにより、仙台・南部両藩の発展に

写真2　碑文右下部に「神禹」の文字

行（約600文字）にわたって漢字とカタカナで表現され、続いて圃場整備事業費の内訳と期成会役員八名が刻まれる。碑の脇に関係者39名の名簿碑（高さ63cm、幅140cm、厚さ73cm）も建立されている。

写真２　泉郷神社鳥居

国土地理院発行25000分の１地形図（長都）より

アクセス：JR千歳駅下車タクシー利用／JR北広島駅よりJR北海道バス役場前下車

参考文献：『祝 道営泉郷地区圃場整備工事完成記念誌』道営泉郷地区圃場整備事業促進期成会、1988年
『石に刻まれた千歳の歴史』千歳市文化財保護協会、2011年
『ケヌフチ物語』清水修著、泉郷郷土誌編纂委員会・泉郷集落連合会、1992年

（井上三男）

A-01

禹甸荘《うでんしょう》碑（千歳川支流𥔎淵川）

北海道千歳市泉郷498-6　泉郷神社境内

サイズ：高さ102cm　幅212cm　厚さ67cm　花崗岩

刻　字：「禹甸荘」

建　立：1988（昭和63）年　泉郷地区圃場整備事業促進期成会

1975（昭和50）年から𥔎淵川《けぬふちがわ》下流で道営泉郷《いずみさと》地区圃場《ほじょう》整備事業が実施され、地権者全員による期成会が組織された。1988（昭和63）年に道営泉郷地区圃場整備工事の完成により220ヘクタールの汎用耕地が完成し、これを記念して禹甸荘碑を建立した。

泉郷神社は、泉郷地区を望む小高い丘の上に建立されており、麓に立てられた鳥居の脇に禹甸荘碑と開拓百年記念碑が並んでいる。碑の表面は、「禹」「甸」「荘」3文字。裏面には、明治20年来の開拓の経緯が24

写真1　禹甸荘碑

全国禹王遺跡データ
（2013年版）

══凡例══

・このデータ編は、2013年1月までに認知した禹王遺跡の基本情報をまとめたものである。

・新たな発見や今後の研究の基礎となるよう、整理番号を付与した。記号はそれぞれ、A：北海道・東北、B：関東、C：中部、D：近畿、E：中国・四国、F：九州・沖縄を表す。

・サイズおよび石碑等の材質も記し、刻字として禹王に言及した碑文の一部や題号を抜粋、漢文については可能な限り、読み下し文を添えている。

渡邉佳奈絵（わたなべ　かなえ）
1987年福島県生。まちづくりに関わる会社に勤務。最近の関心事は東北の震災復興。

藤井　薫（ふじい　かおる）
1956年大阪市生。公共団体勤務。「水都の会」代表。水辺の活性化による街づくり推進。

桝谷政則（ますたに　まさのり）
1950年大阪府生。柏原の郷土史を探る会事務局長。おいなーれ柏原ネットワーク代表ほか。

諸留幸弘（もろどめ　ゆきひろ）
1951年鹿児島県生。一般社団法人近畿建設協会豊岡支所勤務。支所長。

北原峰樹（きたはら　みねき）
1961年広島県生。香川県立高松桜井高校勤務。大学で中国神話・哲学を勉強。『物語でつづる中国古代神話』（翻訳，2003），『大禹謨再発見』（2013，ともに美巧社）。

福谷昭二（ふくたに　しょうじ）
1931年広島県生。高校長後，大学講師など。NPO法人佐東地区まちづくり協相談役。共著に『運命共同体の史的展開――太田川とヒロシマの場合』（東信堂，1989）など。

菊田　徹（きくた　とおる）
1948年福島県生。臼杵史談会副会長。NPO臼杵伝統建築研究会理事長。臼杵の歴史や文化財の調査研究。

大井みち（おおい　みち）
1948年新潟県生。足柄の歴史再発見クラブ事務局長。

王　　敏（わん　みん）
1954年中国生まれ。法政大学教授，人文博士（お茶の水女子大）。『美しい日本の心』（三和書籍，2010），『相互探求としての国際日本学研究』（三和書籍，2013年）など。

大邑潤三（おおむら　じゅんぞう）
1986年静岡県生。佛教大学大学院日本史学専攻博士後期過程。歴史災害，特に地震災害を研究中。共著に『京都の歴史災害』（思文閣出版，2012）。

木村大輔（きむら　だいすけ）
1979年鳥取県生。佛教大学非常勤講師。歴史地理学。地籍図と民間地図の利用について。

【治水神・禹王研究会事務局】
〒603-8301 京都市北区紫野北花ノ坊町96
佛教大学歴史学部歴史文化学科　植村善博研究室気付
E-mail uemura@bukkyo-u.ac.jp

執筆者一覧

執筆順。★印は編者

大脇良夫（おおわき　よしお）★

1941年島根県生。富士フイルム㈱退社後，日本心理技術センター客員研究員。郷土史研究家。『富士山と酒匂川』（共著，2007），『酒匂川の治水神』，『酒匂川の研究』（ともに私家版）。

植村善博（うえむら　よしひろ）★

1946年京都市生。佛教大学教授。自然地理学，地誌学。『ニュージーランド・アメリカ比較地誌』（ナカニシヤ，2004），『京都の治水と昭和大水害』（文理閣，2011）など。

＊

蜂屋邦夫（はちや　くにお）

1938年生。東京大学名誉教授。中国思想史，道教思想史専攻。目下は老荘思想に関心。『荘子——超越の境へ』（講談社選書，2002），『老子』（岩波文庫，2008）など多数。

井上三男（いのうえ　みつお）

1945年神奈川県生。㈱ソキアでハイテク測量機の開発・製品化後，ローテクを追求。『測量工学ハンドブック』（共著，朝倉書店，2005），『富士山と酒匂川』（共著，2007）など。

佐久間俊治（さくま　しゅんじ）

1934年広島県生。明治安田生命。足柄の歴史再発見クラブ会長。人間を感じさせる様々なことに関心。『富士川と酒匂川』（共著，2007）など。

宮田　勝（みやた　まさる）

1930年群馬県生。日本製紙退職後，古文書，禹王研究。文化財調査員。元自然公園指導員。

関口康弘（せきぐち　やすひろ）

1957年神奈川県生。高校教員。神奈川県県西地域の近世史を研究。『南足柄市史』，『交流の社会史』（2005，岩田書院），『富士山と酒匂川』（共著，2007）など。

原田和佳（はらだ　かずよし）

1964年山梨県生。富士川町役場勤務。富士川町文化協会郷土研究部所属。

木谷幹一（きたに　かんいち）

1965年大阪府生。元公立小学校教員。災害教育。

水谷容子（みずたに　ようこ）

1970年岐阜県生。海津市歴史民俗資料館学芸員。主に輪中や近世以降の海津市を研究。

治水神 禹王をたずねる旅

二〇一三年 六 月三〇日 印刷
二〇一三年 七 月 七 日 発行

編 者 大脇良夫／植村善博

発行者 渡辺博史
発行所 人文書院
〒612-8447 京都市伏見区竹田西内畑町9
電話 075-603-1344 FAX 075-603-1814
振替 01000-8-1103

装 幀 神崎夢現［mugenium inc.］
印 刷 創栄図書印刷株式会社
製 本 坂井製本所

ISBN978-4-409-54081-7 C1039